Refat Razouk

Mise en place de références métrologiques en enthalpie de fusion

AF281592

Refat Razouk

Mise en place de références métrologiques en enthalpie de fusion

Vers une référence nationale en enthalpie de fusion et capacité thermique massique des solides

Presses Académiques Francophones

Imprint

Any brand names and product names mentioned in this book are subject to trademark, brand or patent protection and are trademarks or registered trademarks of their respective holders. The use of brand names, product names, common names, trade names, product descriptions etc. even without a particular marking in this work is in no way to be construed to mean that such names may be regarded as unrestricted in respect of trademark and brand protection legislation and could thus be used by anyone.

Cover image: www.ingimage.com

Publisher:
Presses Académiques Francophones
is a trademark of
International Book Market Service Ltd., member of OmniScriptum Publishing Group
17 Meldrum Street, Beau Bassin 71504, Mauritius

Printed at: see last page
ISBN: 978-3-8416-3318-7

Zugl. / Agréé par: Paris, Conservatoire National des Arts et Métiers (CNAM), 2014

À mon épouse bien aimée, Reem

À mes enfants : Grace, Carlos et Elias

À mes parents, mes frères et sœurs, et ma belle famille.

Remerciements

Certaines rencontres donnent l'énergie, psychologique ou financière, pour continuer un projet. A ce titre, je tiens à remercier les personnes qui m'ont soutenu pendant ce projet.

Tout d'abord, j'adresse mes sincères remerciements à Bruno HAY, responsable du département « Matériaux » au Laboratoire National de métrologie et d'Essais (LNE) pour la confiance qu'il m'a témoignée en m'accueillant dans son équipe et en acceptant la direction opérationnelle et l'encadrement de mes travaux. Ses idées, son savoir-faire, ses précieux conseils et sa rigueur scientifique ont fortement contribué à ce travail de recherche. J'ai beaucoup appris à ses côtés et je lui en suis reconnaissant.

Je remercie vivement Marc HIMBERT, professeur et titulaire de la Chaire de Métrologie au Conservatoire National des Arts et Métiers (CNAM), directeur scientifique du Laboratoire Commun de Métrologie LNE-CNAM (LCM) pour la direction scientifique de mes travaux, ses encouragements et ses conseils pendant cette thèse. Sa contribution dans ce travail de recherche m'a été d'une aide très précieuse afin de mener l'ensemble de ce travail à bien.

Je remercie également Maguelonne CHAMBON, Directrice des Ressources Scientifiques et Techniques (DRST) au LNE pour son soutien et son aide constante. Ses encouragements, ses conseils et son efficacité m'ont été très utiles pendant ces années de travail.

Un grand merci à Jean Rémy FILTZ, Directeur du pôle photonique énergétique qui a vécu cette aventure au plus près, pour tous nos échanges, son soutien permanent, son expérience, ses conseils, ses efforts, qui ont permis d'aboutir à ce dénouement heureux.

J'adresse enfin une pensée chaleureuse à l'équipe du département "Matériaux" du LNE qui m'a accueillie. J'ai trouvé en chaque membre de l'équipe un soutien et une écoute importante pour moi.

Résumé

Les techniques d'analyse thermique et de calorimétrie sont des méthodes d'essai largement utilisées dans les laboratoires d'analyse physico-chimique, pour des finalités de recherche ou de contrôle qualité. Comme tout appareil de mesure, un analyseur thermique ou un calorimètre doit être étalonné en température et en énergie avec des matériaux de référence certifiés. Les matériaux de référence recommandés correspondent généralement aux points fixes de l'échelle internationale de température (EIT-90), à savoir gallium, indium, étain, zinc et aluminium. Il existe peu de matériaux de référence certifiés au-dessus de 420 °C, alors que certains analyseurs thermiques peuvent être utilisés jusqu'à 1000 °C, voire au-delà.

L'élaboration et la certification de matériaux de référence doivent employer des méthodes de mesure très précises avec un raccordement métrologique des mesures au système international d'unités (SI). Le Laboratoire Commun de Métrologie (LCM) s'est engagé dans le développement d'un moyen de référence métrologique en calorimétrie permettant des mesures précises en enthalpie de fusion et en capacité thermique massique sur la plage de température [23 °C, 1000 °C]. La solution métrologique retenue a été de modifier un calorimètre de type Calvet, et de mettre au point des procédures d'étalonnage et de mesure afin d'atteindre des incertitudes de mesures suffisamment faibles pour la certification des matériaux de référence. Dans ce travail, un système d'étalonnage fonctionnant à haute température a été spécifiquement conçu et intégré dans le calorimètre pour permettre l'étalonnage par substitution électrique. Ce système permet de réaliser successivement des étalonnages par effet Joule et des mesures d'enthalpie de fusion, sans modification des conditions expérimentales.

Ce travail comprend également le développement des systèmes d'acquisition et traitement des résultats des mesures. La détermination de l'enthalpie de fusion de plusieurs métaux (indium, étain et argent notamment) avec une recherche des facteurs d'influence sur cette grandeur, et une estimation des incertitudes de mesure. La mesure de l'enthalpie de fusion d'un alliage eutectique argent-cuivre, candidat comme matériau de référence en énergie à 779 °C, est également présentée.

Mots clés : Métrologie, calorimétrie, enthalpie de fusion, matériaux de référence certifiés, étalonnage électrique.

Résumé en Anglais

Differential scanning calorimeters are widely used in many academic and industrial laboratories to study the thermal behavior of materials for research or quality control. Like any measuring device, a thermal analyzer or calorimeter must be calibrated in temperature and energy with certified reference materials. Recommended reference materials generally correspond to fixed points of the International Temperature Scale (ITS- 90), namely: gallium, indium, tin, zinc and aluminum. However, there are few certified reference materials above 420 °C, while the operating range of some thermal analyzers and calorimeters exceeds 1000 °C.

The certification of reference materials insures the metrological traceability of measurements to the International System of Units (SI). The LCM-LNE has been working in the development of a metrological standard facility for accurate measurements of the enthalpy of fusion and heat capacity in the temperature range [23 °C, 1000 °C]. The metrological approach is based on the modification of a commercial Calvet calorimeter and of the procedures implemented for calibration and measurement, so as to get measurement uncertainties sufficiently low to fulfill the objectives of the certification of reference materials.

A new in-situ high temperature calibration system (constituted by a resistance wire wound around the crucible containing the material sample) was integrated into the calorimeter to perform the calibration by electrical substitution. The system allows both calibration and measurement without modification of the apparatus, so that the experimental conditions during both steps remain unchanged.

This work also includes the development of data acquisition system and processing of measurement results. The determination of the enthalpy of fusion of several metals (indium, tin and silver in particular) with an estimation of the measurement uncertainty has been made. The measurement of the enthalpy of fusion of a silver-copper eutectic alloy, as candidate reference material at 779 °C, is also presented.

Key words : Metrology, calorimetry, enthalpy of fusion, certified reference materials, electrical calibration.

Table des matières

8

Liste des tableaux

9

Liste des figures

Liste des annexes

Introduction Générale

Les techniques d'analyse thermique et de calorimétrie sont des méthodes d'essai largement utilisées dans les laboratoires d'analyse physico-chimique, pour des finalités de recherche ou de contrôle qualité. Ces techniques se sont beaucoup développées durant ces dernières trente années grâce à l'apparition d'instruments mieux adaptés aux besoins des laboratoires, plus rapides et plus faciles à utiliser du fait des développements de l'électronique et de l'informatique.

En permettant la caractérisation du comportement thermique des matériaux, la détermination des principaux paramètres thermodynamiques de transformation ou de réaction, ces techniques ont à présent leur place à part entière dans les laboratoires universitaires, les laboratoires publics et prives, les laboratoires industriels de recherche et de contrôle.

Comme tout appareil de mesure, un analyseur thermique ou un calorimètre doit être étalonné en température et en énergie. Ces deux types d'étalonnage font appel, pour la majorité des analyseurs thermiques et calorimètres, à des matériaux de référence certifiés.

Seul sur le marché de la certification des matériaux de référence pendant très longtemps, le NIST (*National Institute of Standards and Technology*), anciennement NBS (*National Bureau of Standards*) a abandonné la commercialisation de la majorité des matériaux de référence dans ce domaine, pour aujourd'hui s'y intéresser à nouveau.

La société anglaise LGC (*Laboratory of the Government Chemist*) s'est mise sur ce marché depuis plusieurs années, avec l'appui d'un laboratoire norvégien de l'Université d'Oslo. Il semble que ce laboratoire a abandonné les mesures d'enthalpie de fusion et de capacité thermique massique.

Le laboratoire allemand du PTB (*Physikalisch Technische Bundesanstaly*) commercialise différents matériaux de référence certifiés pour les mesures calorimétriques, mais son offre ne couvre qu'un intervalle de température réduit (jusqu'à 300 °C).

Apres avoir connu une période très creuse, l'élaboration et la certification de matériaux de référence pour les méthodes d'analyse thermique et de calorimétrie connaissent un vif regain d'intérêt. La communauté des calorimétristes (fabricants d'analyseurs thermiques, utilisateurs, sociétés savantes…) a depuis quelques années attirée l'attention sur le manque de matériaux de référence certifiés dans ce domaine, en particulier pour les mesures à haute température.

La France, de par son histoire scientifique, a contribué très largement au développement et à la diffusion des techniques d'analyse thermique et calorimétrique dans le monde. Il suffit simplement de citer les travaux de Henry L. LE CHATELIER (1850-1936), pour l'élaboration des premiers thermocouples, élément de base pour la réalisation des capteurs calorimétriques.

Les travaux d'Albert TIAN (1880-1972) effectués au début des années 1920 sont à l'origine de la plupart des appareils calorimétriques modernes. Son successeur, Edouard CALVET (1895-1966), transforma l'instrument de TIAN en véritable instrument de laboratoire, en introduisant le montage différentiel et une construction rationnelle des deux éléments calorimétriques jumelés. Après la seconde guerre mondiale, CALVET à l'Université de Marseille a mis au point un calorimètre qui est aujourd'hui une référence dans le monde entier [Edouard Calvet & Prat, 1963]. Sous son impulsion, et plus récemment grâce aux travaux de J. ROGEZ [Rogez & Coze, 1980; Rogez, Garnier, & Knauth, 2002], un centre de calorimétrie a vu le jour dans cette ville.

Le Laboratoire National de métrologie et d'Essais (LNE) s'est engagé dans le développement d'un moyen de référence métrologique en calorimétrie permettant de certifier des matériaux de référence en capacité thermique massique et en enthalpie de fusion. La solution métrologique retenue par le LNE a été de modifier un calorimètre à flux de type Calvet (HT1000 de Sétaram) ainsi que les procédures d'étalonnage et de mesure afin d'obtenir des incertitudes de mesures suffisamment faibles, compatibles avec la certification des matériaux de référence.

Le point le plus délicat est la conception d'un système d'étalonnage par substitution électrique intégré dans le calorimètre, et fonctionnant à haute température dans des conditions expérimentales similaires aux conditions de mesure.

Les objectifs du travail effectué pendant la thèse sont de :
- Développer et mettre au point un système d'étalonnage en énergie par substitution électrique (effet Joule),
- Réaliser la qualification métrologique du calorimètre et la détermination de sa sensibilité dans le domaine de températures de 23 °C à 1000 °C, ainsi que l'analyse des facteurs d'influence,

- Mesurer l'enthalpie de fusion de métaux purs (étain, et indium) avec évaluation des incertitudes de mesure associées,
- Caractériser en enthalpie de fusion un matériau susceptible d'être utilisé comme matériau de référence pour les techniques d'analyse thermique au-dessus de 600 °C.

Le but final de ce travail est de mettre en place une référence métrologique au niveau national en enthalpie de fusion et en capacité thermique massique, sur la plage de température [23 °C, 1000 °C]. Cette référence permettra d'assurer la traçabilité métrologique des mesures au système international d'unités (SI) et de fournir des matériaux certifiés pour les analyseurs thermiques et les calorimètres.

Les travaux consignés dans ce document ont été conduits au sein du LNE, dans le département « Matériaux ». Les résultats obtenus s'appuient sur la maîtrise des procédures de l'étalonnage *in situ* du calorimètre dédié à la mesure de l'enthalpie de fusion.

La spécificité et l'originalité de ce travail métrologique proviennent en particulier :
- la conception et la réalisation d'un système d'étalonnage par substitution électrique permettant d'effectuer les mesures d'enthalpie de fusion d'un échantillon exactement dans les mêmes conditions expérimentales que celles des étalonnages
- l'évaluation des incertitudes de mesure.

La restitution du travail mené au cours de cette thèse est organisée de la façon suivante :
Dans la première partie, nous rappelons les grandeurs thermodynamiques associées aux mesures calorimétriques. Nous abordons les méthodes calorimétriques de haute exactitude pour la mesure de l'enthalpie de fusion ainsi que les matériaux de référence certifiés utilisés usuellement pour l'étalonnage des appareils d'analyse calorimétrique différentielle.

La deuxième partie détaille le développement et la caractérisation d'un instrument dédié pour la mesure de l'enthalpie de fusion. La mise au point d'un moyen d'étalonnage en énergie par substitution électrique intégré dans le calorimètre est présentée avec les procédures et la méthode de mesure retenues. La caractérisation du calorimètre et l'analyse des facteurs d'influence sur la mesure de l'enthalpie de fusion de l'étain sont détaillées dans cette partie.

La troisième partie est dédiée à l'exploitation de la référence métrologique mise en place pour les mesures des enthalpies de fusion des métaux purs. Nous présentons les résultats des campagnes de mesure de l'enthalpie de fusion de l'étain et de l'indium et nous proposons un bilan d'incertitudes. Nous comparons ces résultats avec les travaux d'autres laboratoires nationaux de métrologie ou d'organismes de certification de matériaux de référence. L'originalité de la mesure de l'enthalpie de fusion d'un matériau susceptible d'être utilisé comme référence en énergie à haute température est présenté dans cette partie. La mesure de l'enthalpie de fusion de l'argent pur au voisinage de la température maximale de fonctionnement du calorimètre est aussi présentée.

Une conclusion du travail effectué pendant la thèse est présentée en dernière partie avec des perspectives d'application et de recherche faisant suite à ce travail.

Première partie : Les mesures calorimétriques de l'enthalpie de fusion

I.   Grandeurs thermodynamiques

Le terme « thermodynamique » vient de deux mots grecs : thermos (le feu) et dunamicos (la puissance). Cette discipline apparaît donc comme la science qui traite des relations entre les phénomènes thermiques et les phénomènes mécaniques [Foussard, 2005]. La thermodynamique a été défini historiquement comme la science de la chaleur et des machines thermiques. Durant l'Antiquité, les Anciens confondent aisément les notions de chaleur et de température. Cette confusion n'est toujours pas abolie de nos jours où le sens commun impose en effet au néophyte une association entre la sensation sur le corps et le phénomène physique évoqué en terme de chaleur. Parmi les multiples formes de l'énergie, la chaleur est celle à laquelle les savants ont mis le plus de temps à donner un statut scientifique. La physique est en définitive parvenue à englober l'étude de la chaleur grâce à trois types de travaux : tout d'abord, la construction d'instruments de mesure, dont l'élaboration a été particulièrement tardive, ensuite la recherche expérimentale à l'aide de ces instruments, enfin l'expérimentation étayée par une théorie mathématique à la suite des réflexions provoquées par l'utilisation de la machine à vapeur. Héron d'Alexandrie (c. 10-70 après JC) fut l'un des premiers à découvrir qu'il est possible de récupérer du travail mécanique en apportant de la chaleur à son éolipile (littéralement 'Porte d'Eole') ouvrant la porte aux machines thermique à vapeur d'eau.

La thermodynamique a pour objet principal l'étude des phénomènes mécaniques (travail, pression,...) couplés aux phénomènes thermiques (chaleur, température,...), tous deux considérés du point de vue macroscopique [Doumenc, 2009]. Elle est née au XIXème siècle de la nécessité de comprendre le fonctionnement des machines thermiques produites au début de l'ère industrielle. En raison du caractère universel des principes produits par la thermodynamique, celle-ci a par la suite dépassé le cadre strict de l'étude des machines, pour toucher tous les domaines de la physique dans lesquels la chaleur joue un rôle (électromagnétisme, optique,..), ainsi que d'autres disciplines scientifiques (chimie, biologie,...).

La thermodynamique étudie les échanges de matière et d'énergie qui ont lieu entre un milieu matériel appelé **système** et son environnement appelé **extérieur** [Foussard, 2005]. La thermodynamique inclut l'étude de toutes les transformations et les changements d'états de la matière, et concerne à la fois les systèmes dits ouverts, fermés, et les systèmes isolés.

En thermodynamique classique, on appelle système thermodynamique, une portion de l'univers que l'on isole virtuellement ou réellement du reste de l'univers que l'on baptise alors milieu extérieur.

La séparation, même fictive, entre le système et le milieu extérieur est appelée paroi. Selon la nature et les propriétés de cette paroi, trois cas sont distingués [Claudy, 2005]:

- Système ouvert : il peut y avoir échange de matière et d'énergie entre le système et le milieu extérieur.
- Système fermé : ce système n'échange que de l'énergie avec le milieu extérieur, sous la forme de chaleur ou de travail.
- Système isolé : il n'y a aucun échange avec le milieu extérieur. Dans ce cas la paroi est qualifiée d'adiabatique et doit être indéformable.

Par convention, tout échange d'énergie est compté positivement s'il va de l'extérieur vers le système et négativement dans le cas contraire. Lorsqu'une transformation se produit dans un système, elle est endothermique si l'énergie thermique est absorbée, et elle est exothermique dans le cas contraire.

I.1. Variables d'état

L'état d'un système est caractérisé par la donnée d'un certain nombre de grandeurs telles que la masse, le volume, la température, la pression, la composition, la viscosité, etc.

Il est possible de changer l'état d'un système en modifiant ses conditions physicochimiques. Par exemple, la variation de la température, ou de la pression, ou bien de la concentration pour une solution peuvent entraîner une modification de l'état d'un système. Ces paramètres physicochimiques sont appelés « variables d'état du système ». Il en existe deux types :

- Les variables extensives qui dépendent de la taille du système : la masse, le volume, le nombre de moles… ;
- Les variables intensives qui n'en dépendent pas : la température, la pression, la densité….

Dans le cas de la réunion de deux systèmes rigoureusement identiques pour en faire un seul système, certaines variables vont doubler par rapport à chacun des deux systèmes initiaux (masse, volume, nombre de moles): ce sont des variables extensives ; D'autres variables vont garder la même valeur (pression, température, densité, concentrations): ce sont des variables intensives.

Par définition, le nombre de variables d'état d'un système est le nombre minimum de variables permettant de décrire d'une façon univoque l'état énergétique d'un système. Leur choix est libre. En fait, les variables choisies sont celles sur lesquelles il est possible d'agir pour modifier l'état d'un système, ou qui peuvent être mesurées commodément. Le plus souvent, la température (T), la pression (p), la composition (ξ) sont choisies.

I.2. Fonctions d'état

Une fonction d'état est une fonction des variables d'état qui décrivent les états d'équilibre d'un système thermodynamique. Physiquement, une telle fonction possède la propriété de ne dépendre que de l'état d'équilibre dans lequel se trouve le système, quel que soit le chemin emprunté par le système pour arriver à cet état. Au cours d'une transformation entre deux états d'équilibre, la variation d'une fonction d'état ne dépend donc pas du chemin suivi par le système pendant la transformation mais dépend uniquement des états d'équilibre initial et final. Par convention, la variation d'une fonction thermodynamique lors d'une transformation est la différence algébrique de sa valeur à l'état final à sa valeur à l'état initial. Deux fonctions d'état sont définies par la suite : l'énergie interne, et l'enthalpie.

I.3. Energie interne

Le premier principe de la thermodynamique énonce : Quand un système fermé décrit une transformation cyclique, la somme algébrique des quantités d'énergie échangées par le système avec l'extérieur est nulle. Il en résulte que la somme algébrique du travail W et de la chaleur Q échangés par le système avec le milieu extérieur est égale à la variation de son énergie interne. Cette variation est indépendante de la nature des transformations, c'est à dire du chemin suivi par cette transformation, et elle ne dépend que de l'état initial et de l'état final.

L'énergie interne U d'un système est définie par la fonction décrite par la formulation mathématique :

$$U = Q + W \tag{1}$$

Avec Q : la quantité de chaleur échangée entre le système et l'extérieur ;

$\quad W$: la quantité de travail échangée entre le système et l'extérieur.

Cette relation exprime le fait que l'énergie interne d'un système est constante et qu'elle ne peut varier que par suite d'échange de chaleur ou de travail avec l'extérieur.

I.4. Enthalpie

C'est le physicien Heike Kamerlingh Onnes qui a introduit le terme *enthalpie*, un terme issu du mot grec *thalpein* qui signifie chauffer [Foussard, 2005].

L'enthalpie H est définie par la fonction :

$$H = U + pV \tag{2}$$

Où U est l'énergie interne, p est la pression, et V le volume.

L'enthalpie est une fonction d'état mieux adaptée que l'énergie interne au traitement des problèmes dans lesquels l'état du système est décrit à partir de la température et de la pression. Un cas particulier important est celui où le système évolue à pression constante.

L'enthalpie d'un système est une fonction d'état des variables d'état suivantes : pression (p), température (T) et la composition (ξ).

$$H = H(p, T, \xi) \tag{3}$$

D'où :
$$dH = \left(\frac{\partial H}{\partial p}\right)_{T,\xi} dp + \left(\frac{\partial H}{\partial T}\right)_{p,\xi} dT + \left(\frac{\partial H}{\partial \xi}\right)_{T,p} d\xi \tag{4}$$

I.5.   Enthalpie de fusion

L'enthalpie de fusion (symbole : $\Delta_{fus}H$) est l'énergie absorbée sous forme de chaleur par un corps lorsqu'il passe de l'état solide à l'état liquide à température et pression constantes. Au point de fusion d'un corps pur, elle est plus communément appelée chaleur latente de fusion car c'est sous forme de chaleur que cette énergie est absorbée et cette absorption se fait sans élévation de la température. Elle sert en quelque sorte à désorganiser les liaisons intermoléculaires qui maintiennent les molécules ensemble et non à « chauffer » au sens commun du terme. L'enthalpie de fusion est une mesure de la variation de la fonction enthalpie du système considéré entre les deux états solide et liquide. Pour une quantité de matière donnée, l'enthalpie de fusion se mesure en joule.

On désigne aussi par enthalpie de fusion la chaleur latente spécifique (caractéristique d'un composé ou d'un matériau), c'est-à-dire rapportée à une unité de quantité de matière. En chimie, on exprime généralement cette grandeur en kilojoule par mole. Dans le domaine des propriétés thermophysiques des matériaux, elle est généralement exprimée en Joule par gramme ($J.g^{-1}$). La fusion, la vaporisation, la sublimation provoquent une augmentation de l'enthalpie du système: il faut lui fournir de la chaleur pour réaliser ces opérations. Inversement, la solidification, la condensation solide ou liquide, s'accompagnent d'une diminution de l'enthalpie: il faut alors retirer de la chaleur au système.

I.6.   Capacité thermique massique

La capacité thermique massique est définie d'après [NF ISO, 2007] comme suit:

"Lorsque la température d'un système s'accroît de δT par suite de l'addition d'une petite quantité de chaleur δQ , la grandeur $\delta Q / \delta T$ est la capacité thermique C. La capacité thermique massique est définie comme le quotient de la capacité thermique par la masse".
Elle est définie plus simplement comme la quantité de chaleur nécessaire pour augmenter la température de l'unité de masse d'un matériau de 1K. Elle s'exprime en $J \cdot kg^{-1} \cdot K^{-1}$. La capacité thermique n'est pas complètement définie, à moins que le type de transformation ne soit spécifié. On distingue la capacité thermique massique à volume constant c_v (déterminée lors d'une transformation isochore) et la capacité thermique massique à pression constante c_p (obtenue avec une transformation isobare).

Lors d'une transformation d'un corps de masse M, évoluant à pression constante et à volume constant, la variation d'enthalpie d'un corps est égale à la quantité de chaleur reçue par celui-ci. On obtient l'expression de la capacité thermique massique isobare c_p :

$$c_p = \frac{1}{M}\left(\frac{\partial H}{\partial T}\right)_p \tag{5}$$

I.7. Calorimétrie

Le but de la calorimétrie est de déterminer une quantité de chaleur, et d'en déduire la variation des fonctions thermodynamiques du système étudié, dans le but de remonter aux transformations qui s'y produisent. Un calorimètre est un instrument permettant de mesurer les échanges de chaleur lors d'un changement d'état d'un matériau, qu'il s'agisse d'un changement de phase, de température, de pression, de volume ou de composition chimique. Selon [E. Calvet & Prat, 1956], un calorimètre est essentiellement constitué par un récipient dans lequel se produisent les phénomènes thermiques à mesurer.

Le terme calorimètre est employé suivant deux sens différents en fonction de la nature de l'ouvrage dans lequel on le trouve. Dans son acception triviale, il est utilisé pour décrire l'appareillage de mesure dans sa totalité mais son emploi est plus généralement limité à la description de l'élément particulier du banc où se produit le phénomène thermique étudié. Un calorimètre permet de mesurer des énergies, soit directement par comparaison avec une énergie connue, soit indirectement par comparaison avec un matériau dont on connaît les propriétés. Quelle que soit la technique de mesure retenue, l'exactitude d'un résultat est toujours liée à la maîtrise des pertes thermiques induites par la non idéalité du calorimètre.

L'importance des pertes sur la qualité des mesures en calorimétrie a été soulignée dès 1928 par W.P. White dans son ouvrage *"The modern calorimeter"* [White, 1928] lorsqu'il annonce : *'There is a difference of opinion as to whether thermal leakage is necessarily the chief source of error in calorimetry, but it is undoubtedly responsible for most of the experimental features and devices in accurate work'* . Avec la diminution constante de l'incertitude de mesure, et l'amélioration des qualités des résultats de mesure, cette considération est encore plus vraie aujourd'hui qu'en 1928.

II.   Méthodes calorimétriques

Dans tous types de calorimètre (à l'exception des calorimètres impulsionnels ou à modulation de puissance), l'échantillon étudié est placé dans une cellule calorimétrique C (ou cellule échantillon) avec laquelle il est en bon contact thermique. Cette cellule calorimétrique, dont la température T_c est supposée uniforme, est disposée dans une enceinte calorimétrique E maintenue à une température T_e uniforme (cf. figure 1).

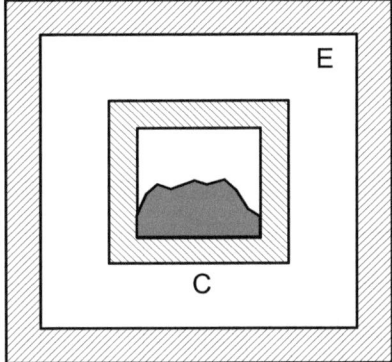

Figure 1: Représentation générale d'un calorimètre

Lorsqu'une réaction ou une transformation se produit au sein de la cellule, une fraction de l'énergie mise en jeu est absorbée par la cellule calorimétrique. Durant un temps dt, la puissance thermique absorbée par la cellule s'écrit :

$$\frac{dQ_{abs}}{dt} = C_c \frac{dT_c}{dt} \tag{6}$$

C_c :   Capacité thermique de la cellule et de l'échantillon

La température de la cellule devenant ainsi différente de celle de l'enceinte calorimétrique, un flux thermique va s'établir par conduction, convection et rayonnement.

La différence de température $T_c - T_e$ étant généralement faible, la puissance thermique échangée peut être représentée sous la forme :

$$\frac{dQ_{ech}}{dt} = \frac{(T_c - T_e)}{R_{th}} \qquad (7)$$

R_{th} :   Résistance thermique entre la cellule et l'enceinte

La puissance thermique totale P induite par le phénomène étudié est décrite par l'expression (8). Cette expression représente l'équation fondamentale de la calorimétrie [Brun & Claudy, 1983].

$$P = \frac{dQ_{abs} + dQ_{ech}}{dt} = C_c \frac{dT_c}{dt} + \frac{(T_c - T_e)}{R_{th}} \qquad (8)$$

Cette équation permet une meilleure compréhension du fonctionnement des calorimètres par l'établissement d'une analogie électricité/chaleur selon les correspondances données dans le tableau 1. Elle permet aussi de classifier les calorimètres en fonction de l'importance relative des puissances thermiques absorbées et échangées.

Thermique			Electricité		
Nom	Symbole	Unité	Nom	Symbole	Unité
Température	T	K	Tension	U	V
Quantité de chaleur	Q	J	Quantité d'électricité	Q	C
Flux de chaleur	ϕ	W	Intensité	I	A
Capacité thermique	C_p	$J.K^{-1}$	Capacité électrique	C	F

Tableau 1 : Analogie électricité-chaleur

Selon [Elégant & Rouquerol, 1996], les microcalorimètres occupent une place privilégiée et croissante parmi les calorimètres. Leur nom évoque la possibilité de détecter (mais non de mesurer) la microcalorie, unité dont il faut bien entendu décourager aujourd'hui l'emploi, en faveur du microjoule. Il y a plusieurs critères qui doivent être considérés lors du choix d'un microcalorimètre : le domaine de température couvert, le volume maximal de l'échantillon, la possibilité d'opérer en système ouvert, les types des logiciels d'acquisition et de traitement disponibles, sans oublier les performances des appareils en terme de bruit, sensibilité, limite de détection, et la dérive de la ligne de base [Claudy, 2005].

28

II.1. Critères de classification des calorimètres

La classification des calorimètres est particulièrement difficile car les termes utilisés pour les définir sont assez ambigus et parce que les critères employés pour les distinguer sont extrêmement nombreux.

En fonction des critères adoptés, un même calorimètre peut avoir des désignations fondamentalement différentes. Par exemple, en fonction de son mode d'utilisation, le microcalorimètre de Tian-Calvet [E. Calvet & Prat, 1956] peut être considéré comme un calorimètre isotherme, quasi-isotherme, à compensation de puissance (lorsque l'effet thermique étudié est compensé par effet Joule ou par effet Peltier) ou à flux thermique.

Il existe dans la littérature de multiples critères de classification des calorimètres :
Un premier critère peut être la distinction entre les calorimètres à cellule unique et ceux comportant deux cellules [Hladik, 1990].

Mis à part la distinction entre un calorimètre à une ou plusieurs cellules, [Zielenkiewicz & Margas, 2002] présentent une classification basée sur l'hypothèse qu'un calorimètre est un objet dynamique dans lequel se génère la chaleur. Tous les calorimètres peuvent alors être classés en deux groupes : Adiabatiques, et non adiabatiques avec des sous groupes.

[E. Calvet & Prat, 1956] se sont servis de la « loi d'Ohm thermique » pour classifier en trois types les calorimètres à deux cellules suivant la conductivité thermique du milieu qui sépare les deux cellules: adiabatique, isotherme, et à conduction.

Une classification des méthodes calorimétriques en méthodes statiques, dynamiques et d'autres classifications faisant apparaître les méthodes calorimétriques relatives et méthodes absolues dont les résultats de mesure sont traçables aux unités du SI a également été présentée par [Sorai & Gakkai, 2004]

[Diot, 1993] présente une classification liée aux méthodes de mesure en différentiant les méthodes calorimétriques directes (méthodes de type thermométrique et analyse calorimétrique différentielle) et les méthodes calorimétriques indirectes (méthodes balistiques et dynamiques).

[Brun & Claudy, 1983] ont adopté un critère de classification fondé sur l'importance relative des flux thermiques absorbés par la cellule échantillon et échangés par conduction entre la cellule échantillon et le bloc calorimétrique.

[Elégant & Rouquerol, 1996] ont présenté une classification sommaire qui s'appuie sur le constat que la chaleur à mesurer se répartit entre la chaleur accumulée par l'échantillon et sa cellule d'une part, et la chaleur échangée avec l'enceinte thermostatique d'autre part. Cette classification permet de distinguer trois types de calorimètres : parfaitement adiabatiques, parfaitement diathermes, et une catégorie intermédiaire où la chaleur à mesurer est en partie accumulée et en partie échangée. Ils ont préféré une classification opérationnelle qui s'appuie sur le couplage ou l'asservissement de la température entre l'échantillon et le thermostat pour arriver à définir quatre catégories principales de calorimètres : adiabatiques , diathermes à conduction, diathermes à compensation de puissance, et isopériboliques.

Sans reprendre exactement la typologie des auteurs précités, nous distinguerons trois types de calorimétries : adiabatique, à flux (ou bien à conduction) avec une cellule unique ou en montage différentiel. D'autres méthodes calorimétriques sont présentées en Annexe 1.

II.2.   La calorimétrie adiabatique

La calorimétrie adiabatique, selon [Kagan, 1984], est une méthode très précise pour les mesures des effets thermiques accompagnants les transformations thermodynamique des matériaux. Dans cette méthode, les échanges thermiques entre la cellule de mesure et l'enceinte sont rendus aussi faibles que possible de telle sorte que l'énergie échangée entre la cellule et l'enceinte peut être négligée devant celle accumulée dans la cellule. Ces échanges, qui s'effectuent à la fois par conduction, rayonnement et convection, sont d'autant moins importants, pour une configuration donnée, que la température d'étude est basse. Le domaine d'application privilégié est donc celui des basses températures.

Les premiers calorimètres adiabatiques étaient réalisés en introduisant la meilleure isolation possible entre la cellule et l'enceinte isotherme. Devant les limitations technologiques de cette méthode, C. Person a suggéré en 1849 que l'adiabaticité de la cellule soit obtenue en asservissant la température de l'enceinte à celle de la cellule [Person, 1849]. Actuellement, les techniques de régulation permettent d'obtenir un asservissement très précis des températures.

Le principe de fonctionnement du calorimètre adiabatique consiste à dissiper une quantité de chaleur dans la cellule et mesurer l'élévation de sa température. L'équation (8) décrivant le phénomène thermique devient :

$$P = C_c \cdot \frac{dT_c}{dt} \tag{9}$$

Avec C_c la somme de la capacité thermique du système de mesure à vide (déterminée par une première expérience) et la capacité thermique de l'échantillon.

La puissance P, fournie électriquement par une résistance chauffante, est donnée par le produit $P = U \cdot I$, où U et I sont respectivement la tension aux bornes de la résistance électrique et l'intensité du courant qui la traverse.

Pour une température donnée, la capacité thermique massique d'une éprouvette de masse m s'écrit :

$$c_p = \frac{P}{m} \cdot \frac{\Delta t}{\Delta T} \tag{10}$$

En réalité, l'énergie dissipée sert à la fois à élever la température de l'éprouvette et celle du système de mesure (cellule calorimétrique, résistance chauffante, sondes thermométriques).

Il faut donc déterminer, par une expérience préalable, la capacité thermique C_0 du système de mesure à vide, afin d'en tenir compte lors du calcul du c_p d'un matériau.

L'expression (10) devient alors :

$$P \cdot \Delta t = \left(C_0 + m.c_p \right) \Delta T$$

Ou bien :

$$c_p = \frac{1}{m} \cdot \left(P \cdot \frac{\Delta t}{\Delta T} - C_0 \right) \tag{11}$$

En pratique, la détermination de la capacité thermique massique d'un matériau par calorimétrie adiabatique s'effectue en chauffant celui-ci à l'aide d'une résistance électrique durant un temps donné et en mesurant l'élévation de température ΔT correspondante. S'il n'y a pas d'échange thermique entre la cellule et l'enceinte, ΔT correspond à la différence entre la température finale T_f et la température initiale T_i de la cellule calorimétrique (cf. figure 2.a).

Les échanges d'énergie entre la cellule et l'enceinte ne pouvant pas être complètement éliminés, une évaluation de la dérive de la température de la cellule doit être réalisée afin d'extrapoler les températures T_i et T_f (cf. figure 2.b).

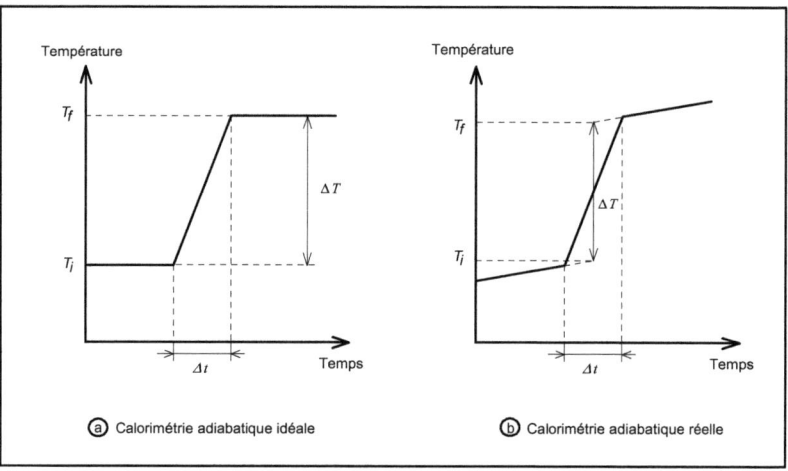

Figure 2: Evolution de la température d'un calorimètre adiabatique

Lorsqu'il y a une fusion du matériau, sa température reste constante. Pour que la transformation soit achevée, il faut que la quantité de chaleur fournie soit égale à la chaleur de la transformation. La mesure de cette quantité de chaleur qui ne sert qu'à la transformation de l'échantillon permet de remonter à l'enthalpie de fusion.

Afin d'effectuer des mesures de l'enthalpie de fusion ou bien de capacité thermique on distingue deux modes opératoires différents, l'un s'appuyant sur un chauffage continu du calorimètre (calorimétrie adiabatique dynamique) et l'autre fondé sur un chauffage intermittent (calorimétrie adiabatique étagée).

a)   Méthode de chauffage continu

Le calorimètre est chauffé suivant une programmation linéaire de température, de sa température initiale T_i jusqu'à une température T_f correspondant à la température maximale du domaine étudié. L'évolution de la température de la cellule est mesurée en continu pendant toute la durée de la dissipation (cf. figure 3.a).

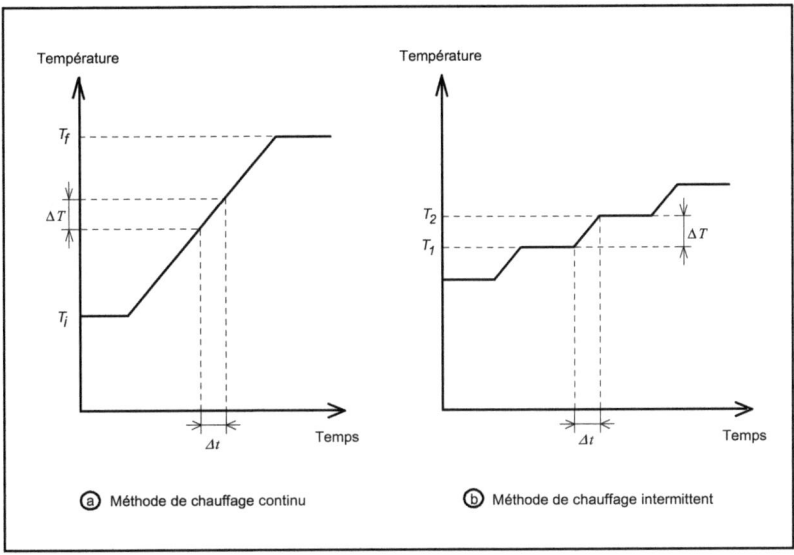

Figure 3: Evolution théorique de la température d'un calorimètre adiabatique en fonction du mode de chauffage

A une température donnée, la capacité thermique massique du matériau est déterminée à partir de l'expression (11) en divisant la puissance P par la pente $\Delta T / \Delta t$ du thermogramme calculée autour de la température considérée. La vitesse de chauffe doit être suffisamment faible afin que la température de l'enceinte puisse suivre sans retard l'évolution de celle de la cellule (minimisation de l'erreur de traînage).

Cette méthode présente l'avantage d'être rapide et de permettre l'acquisition d'un grand nombre de valeurs en une seule montée de température.

b) Méthode de chauffage par paliers

La méthode de chauffage par paliers consiste à alterner incréments de température et paliers isothermes (cf. figure 3.b). Après stabilisation à la température T_1, l'éprouvette est chauffée suivant un incrément de température ΔT. En fin de dissipation, elle est maintenue à $T_2 = T_1 + \Delta T$ jusqu'à l'incrément de température suivant. Cette opération est répétée sur tout le domaine de température étudié.

Comme dans le cas précédent, la capacité thermique massique est calculée à partir de l'expression (11) en divisant l'énergie dissipée pendant le temps Δt par l'incrément de température ΔT (compris généralement entre 5 et 10 °C). La méthode de chauffage par paliers requiert plus de temps que la méthode continue puisque chaque incrément de température est systématiquement suivi d'un temps de stabilisation.

Dans ce type d'appareillage se trouve une gamme étendue de réalisations, depuis l'appareil le plus élémentaire conduisant, à partir d'une technologie simple, à des mesures avec une incertitude de 5 %, jusqu'au matériel le plus sophistiqué permettant d'atteindre une incertitude proche de 0,1 %. Il convient de souligner que la recherche d'une incertitude inférieure à 1 % conduit très vite à un déploiement de moyens que ne justifient que des besoins bien spécifiques.

L'adiabaticité étant aussi favorisée par l'abaissement des échanges dus au rayonnement (d'autant plus faibles que la température est basse) ou à la conduction (d'autant plus faibles que l'échantillon ou sa cellule sont en faible contact thermique avec l'enceinte environnant). Il s'ensuit que ces calorimètres sont particulièrement adaptés aux mesures sur systèmes fermés (échantillons isolés, sans tubulures de connexion et sans échange de matière avec l'extérieur) à basse température. Ils sont notamment très performants pour les mesures de capacités thermiques et l'étude de toute modification interne (changements de phase et toutes sortes de transitions). Ils ont été notamment utilisés pour certifier des matériaux de référence en capacité thermique massique à basse et moyenne températures [Archer & Kirklin, 2000] [Glockner, Grønvold, & Stølen, 1996].

Un calorimètre adiabatique a été mis au point pour la mesure continue de chaleurs spécifiques et d'enthalpies de transformations, de 800 à 1800 K par [Rogez & Coze, 1980]. L'étalonnage a été effectué avec des échantillons métalliques en phase condensée (argent et fer de haute pureté). La dispersion des mesures de chaleur spécifique était de ± 2,5 %.

Des calorimètres adiabatiques ont été aussi utilisés au NIST pour mesurer l'enthalpie de fusion par méthode de chauffage par paliers de matériaux métallique, tel que l'indium [Archer & Rudtsch, 2003], et le bismuth [Archer, 2004].

Les travaux publiés par F. Grønvold et puis S. Stølen à l'université d'Oslo en Norvège sont basés sur la calorimétrie adiabatique [Grønvold, 1993], [Stølen & Grønvold, 1999]. Ils ont travaillé sur la détermination de la capacité thermique massique du zinc à l'état solide et à l'état liquide [Grønvold & Stølen, 2003] pour déterminer l'enthalpie de fusion du zinc fourni par le LGC. Leur calorimètre adiabatique a été utilisé aussi pour étudier la capacité thermique massique du cadmium [Stølen & Grønvold, 2002].

Le laboratoire national de métrologie du Japon (NMIJ) dispose d'un calorimètre adiabatique basse température essentiellement pour des mesures de capacité thermique massique entre 50 K et 350 K [Baba & Yamada, 2010].

La détermination de la capacité thermique massique, ou bien de l'enthalpie de fusion d'un matériau par calorimétrie adiabatique est réalisée à partir de la mesure des 5 grandeurs suivantes :
- la masse m de l'éprouvette,
- la durée de dissipation Δt,
- la tension U aux bornes de la résistance,
- l'intensité électrique I traversant la résistance,
- la température T de la cellule.

Le raccordement métrologique de la mesure aux grandeurs de référence est assuré par l'étalonnage de chacun des instruments permettant de mesurer ces grandeurs fondamentales. L'incertitude sur la mesure de la capacité thermique massique ou l'enthalpie de fusion par calorimétrie adiabatique résulte de la combinaison des incertitudes sur la mesure des grandeurs précédentes, et il faut prendre en compte l'évaluation des pertes thermiques ainsi que le lissage des valeurs expérimentales obtenues.

Malgré la haute exactitude des mesures effectuées par calorimétrie adiabatique, il n'est pas possible d'associer une incertitude commune à ces mesures sans savoir à quel point la condition d'adiabaticité est assurée [Stølen & Grønvold, 1999]. L'évaluation des incertitudes de mesures d'enthalpie de fusion d'un même matériau par cette technique peut en effet varier fortement d'un laboratoire à l'autre, avec par exemple pour l'indium : 0,03 % pour [Archer & Rudtsch, 2003], 0,3 % pour [Grønvold, 1993], jusqu'à 3 % pour (Kano, 1991 dans Stolen & Gronvold, 1999). Les incertitudes les plus importantes sont celles liées à la mesure de la température et à l'évaluation des pertes thermiques.

II.3.   La calorimétrie à flux

L'expérimentateur, en calorimétrie adiabatique ou isopéribolique, essaie toujours de minimiser les fuites thermiques résiduelles entre la cellule et l'enceinte, car elles sont la source principale d'incertitude. A l'inverse, dans la calorimétrie à conduction ou à flux thermique, on cherche à favoriser ce transfert thermique et à le quantifier.

L'idée originale de A. Tian [Tian, 1923] fut de favoriser les pertes thermiques par conduction et de mesurer la puissance thermique échangée entre la cellule et une enceinte calorimétrique de forte inertie en interposant entre les deux un ensemble de thermocouples jouant le rôle d'un fluxmètre très sensible.

Il existe plusieurs types de fluxmètres pour mesurer le flux de chaleur. [Hladik, 1990] distingue les fluxmètres à thermocouples des fluxmètres à résistances électriques. Il indique un troisième type de fluxmètres assurant le couplage des cellules qui n'est qu'un cas particulier du premier type. Un fluxmètre à thermocouples est généralement constitué d'un ensemble de thermocouples en série (thermopile) dont les soudures sont alternativement au contact de la cellule et de l'enceinte souvent appelée « bloc calorimétrique » ou bien « enceinte isotherme »(cf. figure 4).

A l'équilibre thermique, la cellule et l'enceinte sont à la température T_0. Lorsqu'un phénomène thermique se produit au sein de la cellule, les transferts thermiques enregistrés par le fluxmètre sont donnés par l'équation (8).

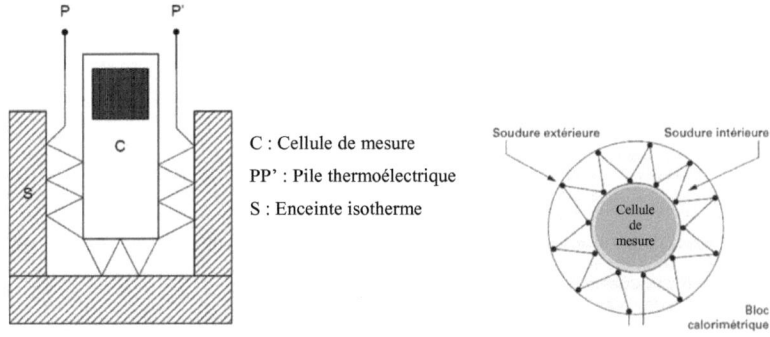

Figure 4: Schéma de principe d'un calorimètre à conduction

Cette équation décrit à la fois le comportement thermique des calorimètres isopériboliques et celui des calorimètres à flux thermique. Dans le premier cas, on cherche à minimiser les échanges thermiques entre la cellule et l'enceinte calorimétrique (R_{th} très grand), alors que dans le second, on suppose une très bonne conduction entre ces deux éléments (R_{th} très petit).

Dans le calorimètre de Tian-Calvet, la cellule de mesure est placée dans un bloc calorimétrique. La détection du flux énergétique est assurée par une pile thermoélectrique (association en série de plusieurs thermocouples). Calvet a démontré [E. Calvet & Prat, 1956] que la sensibilité du montage dépendait du nombre de couples, de la nature des couples, de la longueur et de la section des fils. Là aussi, la régularité du montage est primordiale et les soudures intérieures et extérieures des couples doivent être en contact parfait avec la cellule d'une part et le bloc calorimétrique d'autre part.

La force électromotrice Δ mesurée aux bornes du fluxmètre est proportionnelle à la différence de température entre la cellule et l'enceinte. Elle s'écrit d'après [E. Calvet & Prat, 1956] :

$$\Delta = \mu \cdot (T_c - T_e) \qquad (12)$$

Où μ représente le pouvoir thermoélectrique de la thermopile exprimé en V·K^{-1} :

En introduisant cette expression dans (8), on obtient :

$$P = \frac{C_c}{\mu} \cdot \frac{d\Delta}{dt} + \frac{\Delta}{\mu \cdot R_{th}} \qquad (13)$$

37

L'énergie E dégagée dans la cellule est égale à l'intégrale de la puissance P échangée entre la cellule et l'enceinte entre les instants t_0 et t_1. Les instants t_0 et t_1 correspondent respectivement au début et à la fin du transfert thermique.

$$E = \int_{t_0}^{t_1} P \cdot dt = \int_{t_0}^{t_1} \frac{C_c}{\mu} \cdot \frac{d\Delta}{dt} \cdot dt + \int_{t_0}^{t_1} \frac{\Delta}{\mu \cdot R_{th}} \cdot dt \qquad (14)$$

En fin de réaction, toute la chaleur emmagasinée par la cellule est évacuée par conduction vers l'extérieur, la cellule revient ainsi à sa température initiale.

$$\Delta_{t_1} = \Delta_{t_0} \qquad (15)$$

En considérant, en première approximation, que le premier terme de l'équation (14) est nul, l'énergie mise en jeu dans la cellule s'écrit :

$$E = \frac{1}{\mu \cdot R_{th}} \cdot \int_{t_0}^{t_1} \Delta \cdot dt \qquad (16)$$

L'intégrale du signal thermoélectrique Δ mesuré aux bornes du fluxmètre entre les instants t_0 et t_1 est représentée par l'aire A sur la figure 5. Cette aire est proportionnelle à l'énergie dégagée dans la cellule. Le produit $\mu \cdot R_{th}$, qui représente la sensibilité du fluxmètre, est déterminé expérimentalement par étalonnage.

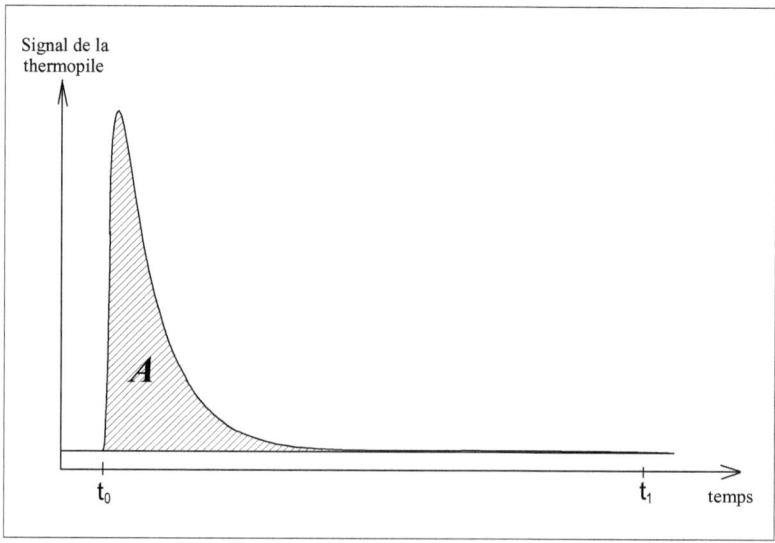

Figure 5: Réponse d'un calorimètre à flux thermique

Le calorimètre à cellule unique de A. Tian a été utilisé principalement pour l'étude de diverses réactions physico-chimiques et biologiques. Ce calorimètre était très sensible mais sa fidélité était limitée par les variations de température de l'enceinte externe qui se traduisaient par une dérive du zéro instrumental de l'appareil souvent trop importante. D'autre part, lorsque la température de l'enceinte évolue de manière programmée ou accidentelle, la cellule, en raison de son inertie thermique ne prend pas instantanément la même température. Il s'ensuit une différence de température parasite qui peut être confondue avec l'effet du phénomène thermique étudié.

Cet inconvénient peut être limité en utilisant la calorimétrie différentielle, introduite par Calvet [E Calvet, 1958] qui a réalisé un montage inspiré du calorimètre de A. Tian. Celle-ci consiste à insérer deux cellules identiques de A. Tian dans le bloc calorimétrique isotherme, l'une servant à la mesure tandis que l'autre sert de référence. Cette disposition permet de s'affranchir en grande partie des problèmes liés à la régulation de l'enceinte et aux gradients de température.

II.4. La calorimétrie différentielle

L'analyse calorimétrique différentielle (ACD), plus connus sous le nom DSC (*Differential Scanning Calorimeter*) est très utilisée dans les milieux industriels et scientifiques pour les mesures de capacité thermique massique et des enthalpies de changement de phase. Cette dénomination anglaise (DSC) désigne en fait deux technologies différentes : La première est basée sur la différence des échanges de flux thermique, et la seconde technique est basée sur le principe de la compensation de puissance. Les deux technologies sont performantes pour des températures situées entre -160 °C et plus de 1000 °C. Comparativement aux méthodes calorimétriques isothermes, elles présentent l'avantage d'être particulièrement rapides.

Cette méthode est souvent employée pour mesurer la capacité thermique massique de petites éprouvettes sur une large plage de température. Elle est également utilisée pour déterminer les chaleurs et les cinétiques des réactions, les transitions vitreuses, la caractérisation structurelle des matériaux lorsqu'elle est couplée avec d'autres techniques (Thermomicroscopie, diffraction de rayons X, photocalotimétrie, analyse thermogravimétrique, etc.), la détermination des diagrammes de phase, et d'autre applications [Claudy, 2005].

Parmi les méthodes thermiques d'analyse, cette méthode connaît un essor exceptionnel lié à plusieurs avantages : sa commodité de mise en œuvre, la faible masse d'échantillon utilisé et le spectre très large des phénomènes enthalpiques qui peuvent être étudiés.

Elle a reçu différentes appellations telles que Analyse Enthalpique Différentielle (A.E.D.), Differential Scanning Calorimetry (D.S.C.) ou calorimétrie différentielle à balayage. Le sigle commercial DSC est actuellement le plus courant.

II.4.1. Principe de mesure

Cette technique consiste à placer l'éprouvette à étudier dans une cellule calorimétrique et à observer son comportement thermique relativement à celui d'une cellule de référence lors d'une programmation linéaire de température du bloc calorimétrique. On distingue la DSC à compensation de puissance (fig. 6.a) de celle à flux thermique (fig. 6.b).

II.4.1.1. Systèmes à compensation de puissance

Dans les systèmes à compensation de puissance, l'éprouvette E et la référence R sont pourvues chacune d'un élément chauffant (M_1 et M_2) et d'un capteur thermométrique à sonde de platine.

Les températures des cellules de mesure et de référence sont maintenues rigoureusement égales. Pour cela, un flux supplémentaire est injecté dans l'une ou l'autre des cellules de façon à compenser le phénomène exothermique ou endothermique qui a lieu dans la cellule de mesure.

Le système de régulation est composé de deux boucles. La première régule le courant dans les résistances chauffantes afin que la moyenne des températures des deux cellules augmente suivant une programmation linéaire.

Si leurs températures diffèrent, une seconde boucle délivre une puissance de compensation dans les éléments M_1 ou M_2 de façon à annuler cette différence. Un signal proportionnel à la puissance de compensation ainsi fournie est enregistré en fonction du temps.

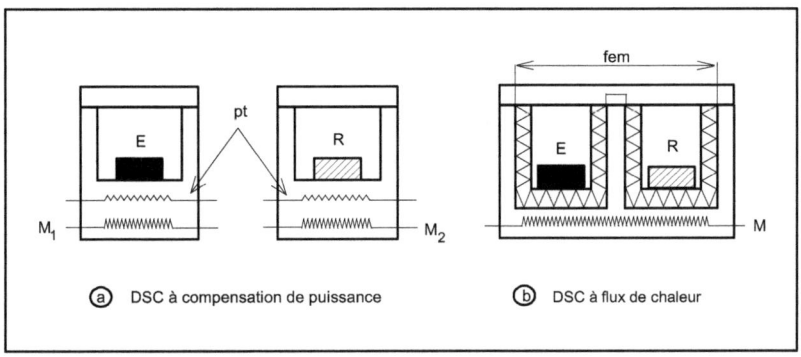

Figure 6: Schéma des deux principales techniques de DSC

II.4.1.2. **Systèmes à flux de chaleur**

Dans les systèmes à flux de chaleur, la différence des flux de chaleur échangés par chaque cellule avec le bloc calorimétrique est mesurée en fonction du temps, lorsque la température de celui-ci varie linéairement.

Cette méthode calorimétrique différentielle est fondée sur le principe du calorimètre à conduction de E. Calvet . Les cellules de référence et de mesure sont chauffées par une seule et même source. Elles sont entourées chacune d'un fluxmètre, constitué d'une série de thermocouples disposés en étoile, qui contrôle ainsi la quasi-totalité des échanges entre la cellule et le bloc calorimétrique. Les deux fluxmètres étant montés en opposition, la force électromotrice mesurée est proportionnelle à la différence des flux thermiques échangés entre chaque cellule et le bloc calorimétrique. Ce type de montage est commercialisé par la société française Sétaram. D'autres systèmes à flux de chaleur basés sur le même principe théorique mais exploitant des solutions techniques différentes (cellules couplées, détecteur plan) ont été développés par les constructeurs Netzsch, TA Instruments (anciennement DuPont) et Mettler. Des exemples de têtes de mesure et des portes échantillons pour DSC à flux de chaleur sont montrés dans [Grenet & Legendre, 2010]. Ces DSC sont notamment utilisées pour mesurer la capacité thermique massique et les enthalpies de changement de phases des matériaux [Grenet & Legendre, 2010], [G. Höhne, Hemminger, & Flammersheim, 2003], [Claudy, 2005].

II.4.2. Mesure de capacité thermique massique

Deux méthodes sont utilisées pour la détermination de capacité thermique par analyse calorimétrique différentielle [Legendre, Girolamo, Le Parlouer, & Hay, 2006], [Diot & Legendre, 2011].

- Une méthode dite par balayage ou méthode continue, dans laquelle on exploite directement et à chaque instant le signal délivré par le calorimètre,

- Une méthode dite enthalpique ou méthode étagée, dans laquelle le signal est intégré en fonction du temps afin de quantifier l'énergie nécessaire pour faire passer la cellule d'un état initial à un état final.

L'utilisation de la méthode enthalpique atténue les inconvénients inhérents à l'emploi de la méthode par balayage :

- Les incréments de température étant faibles (de 5 °C à 10 °C contre plusieurs centaines de degrés dans le cas de la méthode par balayage), l'erreur sur la linéarisation de la ligne de base est réduite.

- De plus, les vitesses de chauffage faibles (de 2 à 10 °C/min contre 10 à 50 °C/min dans le cas de la méthode par balayage) permettent de limiter le décalage entre la température mesurée et la température réelle de l'éprouvette.

La méthode enthalpique se rapproche de la technique classique utilisée en calorimétrie adiabatique; elle offre l'intérêt d'effectuer une mesure entre deux états d'équilibre thermique.

II.4.3. Mesure des enthalpies de fusion

Pour un élément ou un composé, il est possible d'observer des phénomènes invariants correspondant à la fusion ou à une transition de phases solide-solide par analyse calorimétrique différentielle. La constance de la température de l'échantillon pendant la fusion par rapport à la température de la cellule de référence permet d'enregistrer le thermogramme de fusion. La quantification de l'énergie nécessaire pour effectuer la transformation donne la variation de l'enthalpie du système ou bien l'enthalpie de fusion. L'équation fondamentale de l'analyse calorimétrique différentielle est présentée par la suite.

II.4.3.1. Expression mathématique du signal calorimétrique issu d'un DSC

Les réactions de transformation de structure ou de phase qui ont lieu dans le creuset contenant le matériau à étudier s'accompagnent d'échange de chaleur (endothermique ou exothermique), dont l'enregistrement en fonction du temps ou de la température fournit un signal appelé «thermogramme» [Hladik, 1990]. Ces signaux peuvent présenter des pics (cas des transformations endothermiques ou exothermiques du premier ordre) ou des points d'inflexion (cas des transformations endothermiques du deuxième ordre) [Relkin, 2006].

La courbe de la figure 7 représente le schéma d'un signal obtenu à partir d'un matériau subissant une transition vitreuse à la température T_g, puis deux transformations successives de cristallisation et de fusion pendant une programmation linéaire de la température.

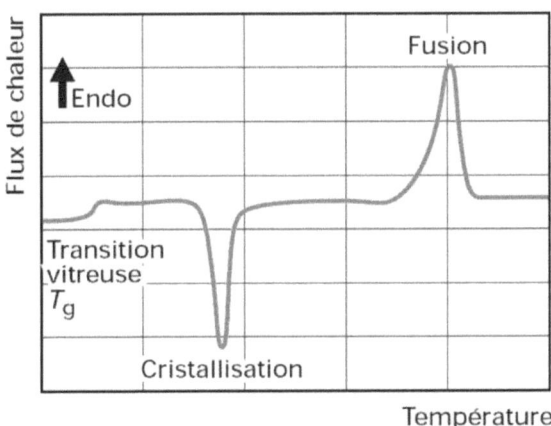

Figure 7: Exemple de signaux calorimétriques représentant différentes transitions de structure

En général, la variation de la température T_b du bloc calorimétrique est linéaire au cours du temps et correspond à la programmation de l'appareil. On a donc :

$$T_b(t) = \beta .t + cste \qquad (17)$$

Où $\beta = \dfrac{dT_b}{dt}$ est la vitesse de balayage en température, souvent exprimée en °C/min.

On note C_e la capacité thermique totale de la cellule contenant l'échantillon, C_r la capacité thermique totale de la cellule de référence, R_e la résistance thermique entre l'échantillon et le bloc, R_r la résistance thermique entre la référence et le bloc. On suppose que les cellules sont indépendantes, sans couplage, c'est à dire que les échanges thermiques ne se font que par rapport au bloc calorimétrique.

Dans la cellule de référence, la puissance thermique reçue à travers la résistance thermique R_r est égale à la puissance accumulée dans la cellule, d'où :

$$C_r \frac{dT_r}{dt} = \frac{T_b - T_r}{R_r} \tag{18}$$

Dans la deuxième cellule, un échantillon absorbe ou dissipe une puissance thermique $\dfrac{dh}{dt}$ (lors d'une fusion ou une cristallisation), et le bilan énergétique dans cette cellule contenant l'échantillon est :

$$C_e \frac{dT_e}{dt} - \frac{dH}{dt} = \frac{T_b - T_e}{R_e} \tag{19}$$

Lorsque $\dfrac{dH}{dt}$ est négatif, il s'agit d'une chaleur absorbée par la cellule contenant l'échantillon (transformation endothermique) ; si $\dfrac{dH}{dt}$ est positif, la chaleur est dissipée par la cellule contenant l'échantillon (transformation exothermique).

Dans le cas simple d'un matériau dont la capacité thermique à l'état solide ou liquide reste inchangée, le flux de chaleur, entre le bloc calorimétrique et chacun des creusets est donné par les expressions suivantes :

$$\phi_{FR} = \left(\frac{dQ}{dt}\right)_r = \frac{T_b - T_r}{R_r} = C_r \frac{dT_r}{dt} \quad \text{et} \quad \phi_{FE} = \left(\frac{dQ}{dt}\right)_e = \frac{T_b - T_e}{R_e} = C_e \frac{dT_e}{dt} - \frac{dH}{dt} \tag{20}$$

ϕ_{FR} le flux de chaleur échangé entre le four et la cellule de référence,

ϕ_{FE} le flux de chaleur échangé entre le four et la cellule contenant l'échantillon.

La grandeur mesurée en µV par les thermopiles du calorimètre est la conséquence de la différence ϕ_m des flux de chaleurs ϕ_{FR} et ϕ_{FE} échangés entre les deux cellules :

$$\phi_m = \phi_{FE} - \phi_{FR} = \frac{dQ}{dt} = \left(\frac{dQ}{dt}\right)_e - \left(\frac{dQ}{dt}\right)_r \tag{21}$$

$$\frac{dQ}{dt} = C_e \frac{dT_e}{dt} - \frac{dH}{dt} - C_r \frac{dT_r}{dt} \tag{22}$$

On peut considérer que $\dfrac{dT_r}{dt} = \dfrac{dT_b}{dt}$ car l'équation (18) de transfert thermique dans la cellule de référence donne après un temps long ($t \gg R_r.C_r$) :

$$T_r = T_b - R_r.C_r.\beta \tag{23}$$

d'où
$$\frac{dH}{dt} = -\frac{dQ}{dt} + C_e \frac{dT_e}{dt} - C_r \beta \tag{24}$$

Donc la grandeur mesurée devient
$$\frac{dQ}{dt} = \frac{T_b - T_e}{R_e} - C_r.\beta \tag{25}$$

Puisque C_r et β sont des constantes, la dérivation de l'équation (25) par rapport au temps donne :

$$\frac{d^2Q}{dt^2} = \frac{1}{R_e}\left(\frac{dT_b}{dt} - \frac{dT_e}{dt}\right) = \frac{1}{R_e}\left(\beta - \frac{dT_e}{dt}\right) \tag{26}$$

Cette équation peut se mettre sous la forme équivalente :

$$R_e C_e \frac{d^2Q}{dt^2} = C_e \beta - C_e \cdot \frac{dT_e}{dt} \tag{27}$$

La somme des équations (24) et (27) terme à terme donne :

$$\frac{dH}{dt} + R_e C_e \frac{d^2Q}{dt^2} = -\frac{dQ}{dt} - C_r \beta + C_e \beta \tag{28}$$

Cette équation peut se mettre sous la forme équivalente :

$$\frac{dH}{dt} = -R_e C_e \frac{d^2Q}{dt^2} - \frac{dQ}{dt} + (C_e - C_r)\beta \tag{29}$$

45

C'est l'équation de base donnée par [Gray, 1968] pour l'analyse enthalpique différentielle. Cette équation a été utilisée par [Huang & Chen, 2000] lors de l'étude d'équilibre solide-liquide des mélanges organiques binaires. Elle est la base pour l'analyse des thermogrammes de fusion dans les appareils DSC et la construction de la ligne de base [Claudy, 2005], [Dumas, 1978] [van der Plaats, 1984], [Saito, Saito, & Atake, 1986] qui sont très importantes lors de la détermination précise des enthalpies de changement de phase. L'aire comprise entre le thermogramme enregistré et la ligne de base est proportionnelle à l'enthalpie de fusion de l'échantillon. La figure 8 représente la fusion d'un échantillon d'étain lors d'une programmation linéaire de la température du bloc calorimétrique à 15 mK/min. Rappelons que l'étain est utilisé comme matériau de référence pour l'étalonnage en température et en énergie des appareils DSC.

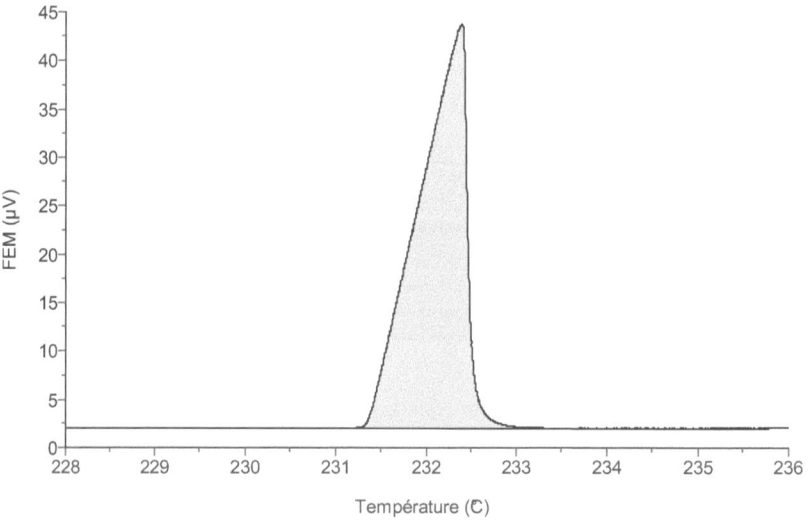

Figure 8 : Fusion d'un échantillon d'étain (chauffage à 15 mK/min)

L'expression mathématique du signal ou équation fondamentale de l'analyse calorimétrique différentielle, déduite des équations précédentes est :

$$\frac{dQ}{dt} = -\frac{dH}{dt} + (C_e - C_r)\beta - R_e C_e \frac{d^2Q}{dt^2} \qquad (30)$$

Le signal enregistré $\dfrac{dQ}{dt}$ est composé de trois termes [Relkin, 2006]:

- $-\dfrac{dH}{dt}$: flux de chaleur échangé lors de la transformation du matériau,

- $(C_e - C_r)\beta$: différence de capacité thermique entre les deux creusets,

- $-R_e C_e \dfrac{d^2 Q}{dt^2}$: inertie thermique avec un constant du temps ($\tau = R_e C_e$).

II.4.3.2. Ligne de base

On peut trouver plusieurs définitions de la ligne de base [Claudy, 2005], [G. Höhne et al., 2003], [IUPAC, 2001]. Elle est définie dans [ISO11357-1:2009, 2009] comme : « une partie de la courbe enregistrée sans aucune réaction ni transition ». Selon [Hladik, 1990], en absence de phénomène thermique dans la cellule contenant l'échantillon ($\dfrac{dH}{dt} = 0$), la force électromotrice délivrée par les thermopiles $\dfrac{dQ}{dt}$ tend vers une valeur constante, car la solution de l'équation (30) est de la forme :

$$\frac{dQ}{dt} = (C_e - C_r)\beta + cte \cdot e^{\frac{-t}{R_e C_e}} \qquad (31)$$

Au bout d'un temps long ($t \gg R_e.C_e$), et si on considère que la capacité thermique (C_e) est constante, on obtient le régime permanent :

$$\frac{dQ}{dt} = (C_e - C_r)\beta \qquad (32)$$

Cette expression donne la ligne de base du thermogramme, avant et après la transformation.

Lorsqu'un phénomène thermique se produit pendant la programmation linéaire de la température du bloc calorimétrique, la seule connaissance du signal calorimétrique ne permet pas de remonter directement au flux de chaleur, et donc à la quantité de chaleur mise en jeu. Il manque l'évaluation de la ligne de base expérimentale. Cette ligne de base virtuelle peut être interpolée à partir des valeurs du signal calorimétrique avant et après le pic de réaction [Grenet & Legendre, 2010].

Un exemple d'une courbe enregistrée avec un calorimètre à flux présentant un pic de transition du premier ordre est tracé sur la figure 9. Sur ce thermogramme, le temps est reporté horizontalement, le signal calorimétrique et la température sont reportés verticalement (les exothermes vers le bas), et la ligne de base pendant la transformation (4) est interpolée à partir des deux lignes de base dans les zones (3) et (5). La dérive de la ligne de base dans ces deux zones est due à une dissymétrie thermique des deux cellules du calorimètre.

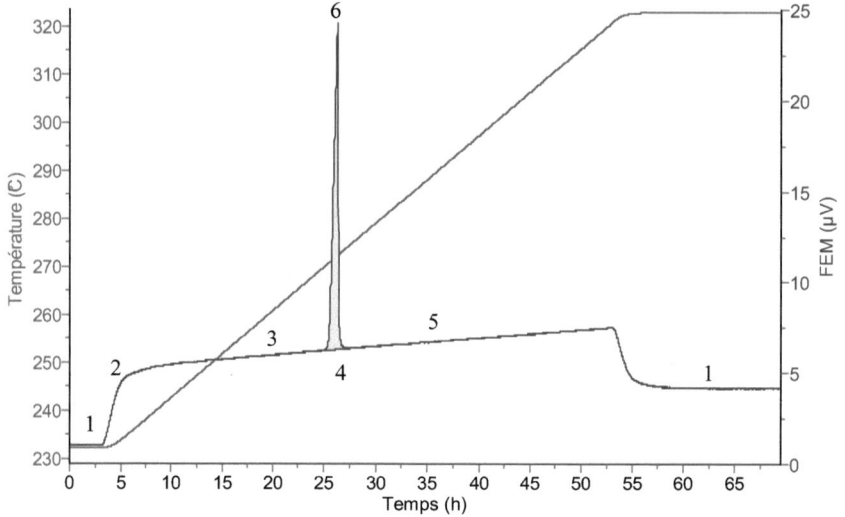

Figure 9 : Courbe d'un DSC avec une transition de premier ordre

(1) : zone isotherme,

(2) : mise en chauffe

(3) : régime permanent

(4) : la ligne de base interpolée entre le début et la fin de la transformation

(5) : régime permanent

(6) : pic de transformation

La ligne de base pendant la transformation doit être construite afin de déterminer la surface du pic de la transformation. Cette surface permet donc de mesurer la chaleur totale mise en jeu au cours de la transformation.

La forme la plus simple de la ligne de base est une droite qui connecte les points de début de et fin de la transformation. D'autres auteurs emploient également une fonction du second degré, ou une courbe sigmoïde [Claudy, 2005]. Selon [Dumas, 1978], la chaleur totale d'une transformation du première ordre est égale à la surface comprise entre le thermogramme et l'asymptote en fin de transformation.

Une méthode analytique quand le degré d'avancement d'une réaction est connu, et quand la différence des pentes des lignes de base avant et après la transformation est petite a été proposée par [van der Plaats, 1984] pour la construction de la ligne de base pendant la réaction.

$$\phi_{Ldb} = (1 - \alpha(t)) \cdot \phi_{i,extrapolé} + \alpha(t) \cdot \phi_{f,extrapolé} \qquad (33)$$

où $\phi_{i,extrapolé}$ et $\phi_{f,extrapolé}$ sont les lignes de bases avant et après la transformation extrapolées dans la région du pic, $\alpha(t)$ est le degré d'avancement et ϕ_{Ldb} est la ligne de base construite.

D'autres méthodes de construction de ligne de base ont également été proposées par exemple par [Brennan, Miller, & Whitwell, 1969] et [Saito et al., 1986] dans le cas d'une détermination de l'enthalpie de transition du premier ordre dans les appareils DSC à flux ou à compensation de puissance.

[Hemminger & Sarge, 1991] ont présenté l'influence du choix de la ligne de base sur les mesures d'enthalpie de transformation du premier ordre. Ils préfèrent l'utilisation d'une fonction exponentielle (en temps) lors d'une transformation du premier ordre en considérant que la capacité thermique de l'échantillon change brutalement entre les états solide et liquide à la température de transformation. Ils ont donné une estimation de l'erreur commise lors du choix de la ligne de base sur la mesure de l'enthalpie de fusion de la glace par DSC. Cette erreur peut atteindre plus de 3 % suivant le choix de la ligne de base. Une autre comparaison a été présentée par [Claudy, 2005] sur l'enthalpie de vaporisation de l'eau, où l'erreur pouvait atteindre 10 % de la valeur conventionnellement vraie de cette quantité de chaleur. Ce qui montre l'importance du choix de la ligne de base.

II.4.4. Etalonnage des DSC

Les appareils de DSC ne permettent pas d'obtenir directement des mesures exprimées en Watt ou en Joule. Avant toute mesure quantitative, ils doivent donc être étalonnés en température et en sensibilité, afin de déterminer le facteur de conversion $k(T)$ liant le signal $S(T)$ délivré par les thermopiles à une puissance instantanée (ou l'aire A sous le thermogramme à une énergie).

L'étalonnage des DSC est généralement influencé par les conditions expérimentales. C'est pourquoi, l'étalonnage doit être effectué dans des conditions expérimentales proches de celles utilisées lors des mesures de capacité thermique massique ou d'enthalpie de fusion. Dans le cas contraire, les mesures ultérieures effectuées par DSC pourront être entachées d'erreurs systématiques dues à un étalonnage incorrect. Les appareils DSC doivent être étalonnés en température, en puissance et en quantité de chaleur. Des procédures métrologiques ont été développées pour l'étalonnage des DSC [ISO 11357-1 :2009, 2009] avec des matériaux de référence recommandés pour chaque type d'étalonnage [Claudy, 2005].

II.4.4.1. Etalonnage en température

L'étalonnage des DSC en température se fait par comparaison entre la valeur indiquée par le DSC et la valeur vraie. La valeur de température indiquée par l'appareil DSC est considérée comme la température onset extrapolée à une vitesse de balayage nulle. Cet étalonnage est réalisé en utilisant comme repère les transitions de phase de matériaux "étalons", qui correspondent généralement aux points fixes de l'échelle internationale de température [Preston-Thomas, 1990]. Toutefois, des produits organiques ou des sels minéraux [Sabbah et al., 1999] peuvent aussi être utilisés. Pour chaque matériau, la température onset est déterminée à différentes vitesses de chauffe afin d'extrapoler la température onset à une vitesse de chauffe nulle. La correction de température à appliquer aux mesures en fonction de la température définit la courbe d'étalonnage en température.

Le signal calorimétrique est tracé en fonction du temps ou bien en fonction de la température lors d'une programmation linéaire de la température du four. Le matériau de référence placé dans l'une des cellules de l'appareil DSC se transforme à la température de fusion. Lorsque la fusion est terminée, le signal revient approximativement à la valeur initiale avant le pic (cf. figure 10).

La température onset est définie comme étant la température correspondant à l'intersection entre l'extrapolation de la ligne de base avant la fusion et celle de la première phase du pic. La température au maximum du pic (Tp) ou bien la température offset (Tc), définies dans [ISO11357-1:2009, 2009], dépendent de plusieurs paramètres intrinsèques à l'échantillon (masse, conductivité thermique…) ou à l'expérience (vitesse de chauffe, et conditions expérimentales).

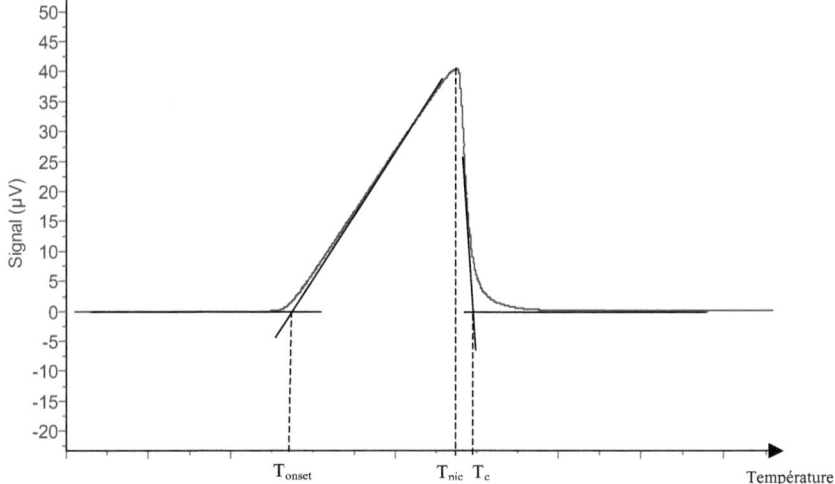

Figure 10: Etalonnage en température par fusion d'un matériau pur

II.4.4.2.   Etalonnage en quantité de chaleur et en puissance

L'étalonnage en énergie, ou bien en quantité de chaleur, consiste à déterminer la réponse du calorimètre à la dissipation ou l'absorption d'une quantité de chaleur bien définie. Cet étalonnage en énergie est souvent effectué en même temps que l'étalonnage en température avec des métaux purs. Le rapport entre la réponse du calorimètre et l'énergie réellement mise en jeu permet de déterminer la sensibilité en énergie.

L'étalonnage en puissance, ou bien en flux thermique, établit la relation entre le flux thermique mesuré par l'appareil DSC et le flux thermique réellement absorbé par l'éprouvette compte tenu de sa capacité thermique massique, de la vitesse de chauffage et de sa masse. Cet étalonnage est souvent effectué en utilisant des matériaux certifiés en capacité thermique massique.

51

[Claudy, 2005], [G. Höhne et al., 2003], et [Della Gatta, Richardson, Sarge, & Stølen, 2006] ont souligné la différence qui peut exister entre le coefficient d'étalonnage en quantité de chaleur, déterminé par la fusion des métaux purs, et le coefficient d'étalonnage en puissance, déterminé avec des matériaux certifiés en capacité thermique massique (α-Al_2O_3 et Cu).

Claudy justifie en particulier cet écart, qui a été évalué à 1 % sur un DSC à compensation de puissance, par la différence d'émissivité des creusets utilisés, et par la différence de conductivité thermique de l'étalon et du produit étudié. C'est pourquoi l'étalonnage doit être effectué dans des conditions expérimentales les plus proches possibles de celles rencontrées lors des mesures. Non seulement la quantité d'énergie doit être la même, mais le positionnement du phénomène thermique dans le calorimètre, la vitesse de chauffage et la plage de température doivent également être similaires dans les deux expériences d'étalonnage et de mesure.

Deux techniques sont couramment utilisées pour l'étalonnage en quantité de chaleur et en puissance :
- Emploi de substances de référence,
- Etalonnage électrique.

II.4.4.2.1.   **Etalonnage à l'aide de substances de référence**

Cet étalonnage est réalisé en utilisant des matériaux de référence dont on connaît, soit l'enthalpie de transition (fusion ou transition solide/solide) pour l'étalonnage en énergie, soit la capacité thermique massique pour l'étalonnage en puissance.

Dans le cas de l'étalonnage d'un calorimètre en énergie à partir de l'enthalpie de transition d'un matériau étalon, le facteur de conversion (sensibilité en énergie) à la température de transformation est déterminé en faisant le rapport entre l'enthalpie de transition donnée par le certificat d'étalonnage du matériau étalon et l'aire comprise entre la ligne de base et le thermogramme expérimental obtenu. Les avantages de cette technique d'étalonnage sont les suivants [G. Höhne et al., 2003] :

✓ Applicable à tous les appareils DSC,

✓ Possibilité d'effectuer l'étalonnage en température et en quantité de chaleur dans le même balayage en température.

Mais cette technique d'étalonnage présente plusieurs inconvénients :

✓ La sensibilité variant avec la température, l'étalonnage doit donc être effectué à différentes températures à l'aide de matériaux étalons appropriés afin de couvrir l'ensemble du domaine de température d'utilisation du calorimètre, ce qui conduit à un étalonnage à des températures discrètes correspondants aux températures des transitions des matériaux étalons disponibles.

✓ Les matériaux utilisés peuvent être contaminés, présenter des variations de masse, ou réagir au contact des creusets.

✓ Certains fabricants fournissent parfois leurs propres matériaux "étalons" avec des valeurs de température et d'enthalpie de transition non certifiées.

✓ Difficulté dans la détermination de la ligne de base.

✓ La disponibilité de matériaux de référence certifiés en enthalpie de transformation est limitée surtout à haute température (au-delà de 660°C).

La norme [ISO 11357-4, 2013] spécifie deux méthodes de détermination de la capacité thermique massique par analyse calorimétrique différentielle (par balayage continu et par paliers). Chaque mesurage de la capacité thermique massique d'un matériau consiste en trois cycles thermiques réalisés à la même vitesse de balayage.

1) un cycle à blanc (creusets vides dans les porte-creusets d'échantillon et de référence);

2) un cycle d'étalonnage (matériau étalon dans le creuset « échantillon » et creuset de référence vide);

3) un cycle avec éprouvette (éprouvette dans le creuset « échantillon » et creuset de référence vide).

Avec cette méthode d'étalonnage, il est souhaitable que le matériau étalon ait des caractéristiques voisines de celles du matériau étudié, afin que l'étalonnage et les mesures soient réalisés sous des conditions expérimentales les plus semblables possible.

II.4.4.2.2.   **Etalonnage électrique**

Cet étalonnage est réalisé par la dissipation d'une quantité d'énergie par effet Joule dans le calorimètre. Dans ce but, une résistance électrique placée dans la cellule de mesure est alimentée pendant un temps donné par un courant électrique constant. La sensibilité en énergie est déterminée en divisant l'aire comprise entre la ligne de base et le thermogramme expérimental obtenu par l'énergie électrique dissipée (égale au produit de la puissance électrique par la durée de la dissipation). La courbe décrivant l'évolution de la sensibilité en fonction de la température est obtenue en répétant cet étalonnage pour différentes températures couvrant la plage d'utilisation du calorimètre.

L'étalonnage électrique offre les avantages suivants par rapport à l'étalonnage à l'aide de matériaux de référence :

✓ Mesure précise de l'énergie électrique dissipée,

✓ Choix de niveaux d'énergie dissipée compatibles avec ceux mesurés lors de la détermination de la capacité thermique massique ou bien de l'enthalpie de transformation d'un matériau,

✓ Etalonnage électrique réalisable pour n'importe quelle température comprise dans la gamme du fonctionnement du calorimètre.

Bien que ce type d'étalonnage soit celui qui conduise à l'incertitude d'étalonnage la mieux maîtrisée, beaucoup d'appareils de DSC ne permettent pas de l'appliquer pour des raisons d'accessibilité en particulier. Par ailleurs, l'installation d'une résistance chauffante dans le calorimètre s'accompagne de phénomènes thermiques parasites (fuites thermiques dues aux fils d'alimentation électrique et de mesure, auto-échauffement des fils) qui peuvent générer une erreur sur la mesure de l'énergie électrique dissipée.

Le coefficient d'étalonnage (sensibilité en énergie, ou en puissance) d'un calorimètre peut être déterminé par effet Joule à une température donnée par deux méthodes différentes :

• Méthode par déviation (sensibilité en puissance)

• Méthode par intégration (sensibilité en énergie)

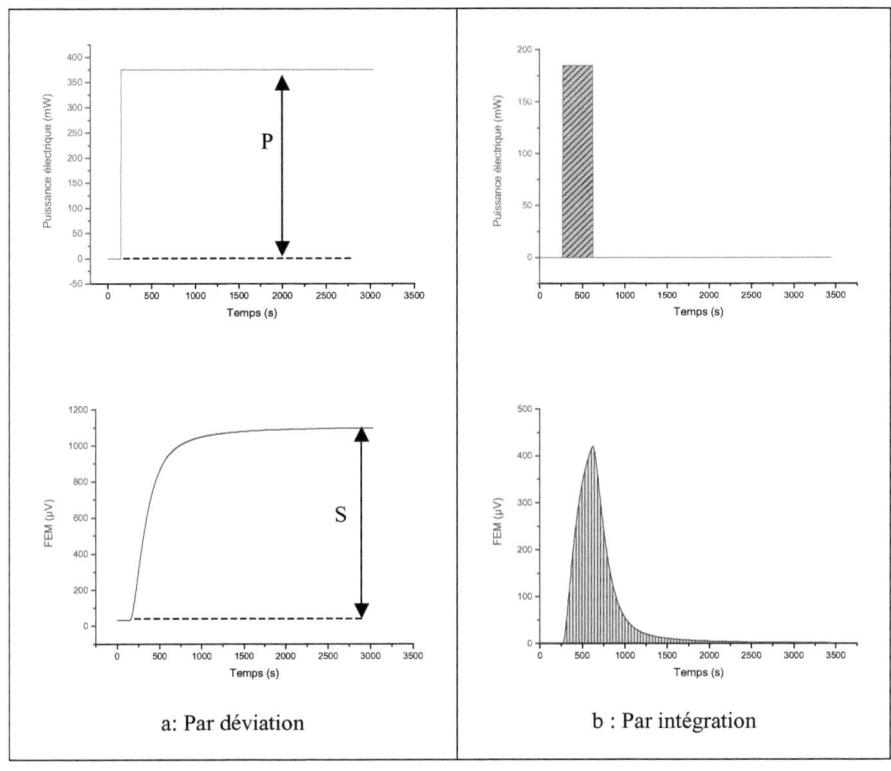

Figure 11 : Méthode d'étalonnage électrique (a : par déviation, b : par intégration)

II.4.4.2.2.1. **Méthode par déviation (sensibilité en puissance)**

Avec cette méthode, il faut appliquer par effet Joule une puissance P (en milliwatt) pendant un temps suffisamment long de façon à obtenir un signal calorimétrique stable (cf. figure 11.a). La déviation entre la ligne de base initiale et le signal stable obtenu, S (en microvolt), est alors mesurée. La division de cette valeur par la puissance appliquée P, définit le coefficient d'étalonnage en puissance K_Φ comme suit :

$$K_\Phi = S/P \quad \text{en } \mu V/mW \tag{34}$$

II.4.4.2.2.2.   **Méthode par intégration (sensibilité en énergie)**

Avec cette méthode il faut appliquer un créneau de puissance pendant un temps t, et attendre le retour du signal calorimétrique à la ligne de base initiale (cf. figure 11.b). L'aire A du pic calorimétrique ainsi obtenu, exprimée en $\mu V \cdot s$, divisée par la quantité de chaleur délivrée par la cellule d'étalonnage (correspondant au produit de la puissance P et du temps t) donne le coefficient d'étalonnage K_Q (en $\mu V/mW$).

$$K_Q = \frac{A}{P.t} \tag{35}$$

La seconde méthode, bien que plus longue, fournit un résultat plus précis. On s'affranchit en effet d'éventuelles fluctuations de la ligne de base qui peuvent gêner la détermination de l'amplitude S dans une mesure par déviation.

II.4.5. Les causes d'erreurs lors de l'étalonnage des DSC

Pour la grande majorité des DSC (DSC à capteur plan en particulier), les causes d'erreurs lors de l'étalonnage, que ce soit avec des matériaux de référence ou bien par voie électrique, peuvent être attribuées principalement aux facteurs suivants :

- La variation des résistances thermiques entre le matériau de référence et le capteur via le creuset dépend de l'état physique du produit, de la nature du gaz de balayage et de son débit. Le contact thermique de la même masse d'un produit avec le creuset diffère s'il s'agit d'une poudre, d'un seul cristal, ou bien d'une feuille. Comme le gaz de balayage participe à l'échange de chaleur entre le matériau de référence et le capteur, il se comporte également comme une résistance thermique. [Claudy, 2005] a montré en modélisant les échanges thermiques au sein d'un DSC qu'une partie plus importante de flux de chaleur passe par le gaz de balayage si la résistance thermique entre le produit et le creuset augmente. C'est pourquoi les conditions expérimentales sous lesquelles est réalisée la mesure doivent être rigoureusement identiques à celles de l'étalonnage.

- La position du matériau de référence par rapport au capteur est très importante pour une bonne reproductibilité des résistances thermiques, et une bonne reproductibilité de l'étalonnage.

- Selon [G. W. H. Höhne & Glöggler, 1989], la vitesse de chauffe peut faire varier la surface d'un pic de transformation d'un matériau de référence. D'autres études [Van Dooren

& Müller, 1982] préconisent de standardiser la vitesse de chauffe et la taille des échantillons de référence qui peuvent avoir une influence sur la détermination de la température et des enthalpies de transformation, à cause des variations de résistances thermiques.

L'influence des erreurs liées aux variations de résistances thermiques (listées ci-dessus) est minimisée par construction par l'utilisation de capteurs 3D, comme dans les calorimètres de type Calvet.

Une autre cause d'erreur vient de la pesée du matériau de référence utilisé lors de l'étalonnage, plus particulièrement lors de l'utilisation de petites masses.

D'autres causes d'erreurs liées à la performance de l'appareil DSC seul (bruit, sensibilité, limite de détection et la dérive de la ligne de base), et le traitement des résultats de mesure (filtrage, choix de la ligne de base, et des bornes d'intégration d'un pic) peuvent avoir une influence aussi importante que les conditions expérimentales d'étalonnage. L'appairage des creusets est un facteur important pour conserver la symétrie thermique du système.

Compte tenu des causes présentées précédemment, il est probable, qu'en utilisation usuelle, l'incertitude sur la mesure de capacité thermique massique ou d'enthalpies de transformations par DSC, soit plus importante que celle estimée par les expérimentateurs. PTB [S. Rudtsch, 2002] a estimé l'incertitude de mesure de capacité thermique massique par DSC à compensation de puissance à 1,5 % sur la gamme de température de 0 à 600 °C.

III.   Matériaux de référence et traçabilité

D'une manière générale, la pratique la plus courante consiste à faire procéder par un organisme habilité à l'étalonnage des appareils de mesure ou des étalons. Ces équipements présentant une stabilité adaptée, un réétalonnage périodique indique à l'utilisateur la relation existant entre les indications fournis par son appareil et le niveau conventionnellement vrai de la grandeur mesurée.

Dans différents domaines de mesure, cette procédure d'étalonnage de l'appareillage chez un organisme habilité n'est plus applicable. C'est par exemple le cas de la plupart des appareils d'analyse thermique et de calorimétrie, pour lesquels le signal de réponse de l'instrument dépend de nombreux facteurs qu'il est pratiquement impossible de contrôler sur une longue période, ou d'une série d'analyse à une autre, et pour lesquels un étalonnage doit être fait sur site pour chaque série d'analyse. C'est aussi le cas d'équipements difficilement démontables ou transportables de leur poste de travail. Dans ce cas, la mise à disposition de référence à l'utilisateur se fait en lui proposant un matériau de référence pour effectuer une vérification, ou bien un matériau de référence certifié pour assurer la traçabilité des mesures et le raccordement métrologique de son équipement via un étalonnage.

III.1.   Définition des matériaux de référence

Selon [JCGM 200:2012, 2012], un matériau de référence est un matériau suffisamment homogène et stable en ce qui concerne des propriétés spécifiées, qui a été préparé pour être adapté à son utilisation prévue pour un mesurage ou pour l'examen de propriétés qualitatives. Un matériau de référence certifié est un matériau de référence accompagné d'une documentation délivrée par un organisme faisant autorité et fournissant une ou plusieurs valeurs de propriétés spécifiées avec les incertitudes et les traçabilités associées, en utilisant des procédures valables. Comme toute technique d'analyse, les techniques d'analyse thermique nécessitent l'utilisation de matériaux de référence pour l'étalonnage des capteurs. Ces étalonnages sont de différents types selon les techniques de mesure, par exemple :

- ATD/DSC : étalonnages en température et en énergie,
- Thermogravimétrie : étalonnage en température et en variation de masse,
- Dilatomètrie /TMA ; étalonnage en température et en variation de longueur.

Dans la suite de ce document, on se limitera aux matériaux de référence destinés aux techniques DSC et calorimétriques, et on fera le point sur leur disponibilité actuelle.

La majorité des travaux ayant conduit à la production de matériaux de référence ont fait l'objet de publications. [Sabbah et al., 1999] ont réalisé une étude bibliographique très exhaustive des matériaux de référence pour les techniques d'analyse thermique et de calorimétrie. Cette publication fait suite aux travaux du groupe de travail « Thermochimie » de l'association ICTAC (*International Confederation for Thermal Analysis and Calorimetry*) qui fait partie de l'IUPAC (*International Union for Pure and Applied Chemistry*). L'article détaille en particulier les matériaux de référence pour la mesure de capacité thermique massique, et les enthalpies de changement de phase (fusion, transition, sublimation et vaporisation), ainsi que les enthalpies de réaction et de combustion.

L'article indique aussi les techniques de haute exactitude qui ont été utilisée pour certifier ces matériaux ainsi que les fournisseurs de ces matériaux. Selon [Sabbah et al., 1999], pour qu'un matériau puisse être considéré comme matériau de référence, différentes conditions doivent être respectées:

- être aisément disponible à l'état pur
- être stable, non hygroscopique
- ne pas être volatil
- avoir une forme adaptable à l'expérience
- ne pas être corrosif ou agressif physiologiquement
- ne pas réagir avec le creuset expérimental

[Gmelin & Sarge, 2000] ont distingué les conditions à remplir par un matériau de référence suivant la grandeur physique à étalonner dans les appareils DSC, que ce soit la température, le flux thermique, ou bien la quantité d'énergie.

Pour les matériaux de référence métalliques et inorganiques qui nous intéressent particulièrement, on distingue les matériaux de référence pour les mesures de capacité thermique massiques à pression constante, et les matériaux de référence en enthalpie de changement de phase.

III.2. Matériaux de référence pour les mesures de capacité thermique massique

La figure 12 présente le domaine de température d'utilisation des matériaux de référence recommandés pour la mesure de capacité thermique massique :

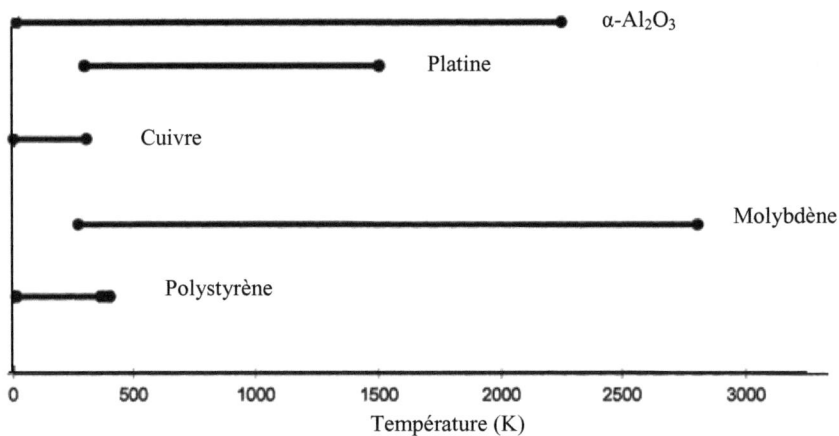

Figure 12 Matériaux de référence recommandés pour la mesure de capacité thermique massique.

Les matériaux à l'état solide qui ont fait l'objet d'étude métrologique en capacité thermique massique sont limités au cuivre, platine, α-oxyde d'aluminium, et au molybdène. On remarque que la gamme des hautes températures n'est couverte que par trois matériaux solides (α-oxyde d'aluminium à 2250 K, platine à 1500 K et le molybdène à 2800 K).

Le saphir (α-Al$_2$O$_3$) est couramment utilisé comme matériau de référence pour les mesures de la capacité thermique massique ainsi que pour les études des incréments d'enthalpie. Il est facilement disponible à l'état pur et bien adapté pour une utilisation à des températures élevées. Le NIST est le seul organisme à fournir ce matériau de référence certifié.

60

III.3. Matériaux de référence pour la mesure d'enthalpie de changement de phase

La figure 13, issue de la compilation de [Sabbah et al., 1999], fournit une liste des matériaux de référence recommandés pour l'étalonnage des DSC et destinés aux mesures de température et d'enthalpies de changement de phase :

A summary of the melting (M), freezing (F), triple point (T) and transition temperatures (T_{trs}) of recommended reference materials

Substance	Transition temperature (K)	Phase change (K)	Classification
Metals			
Mercury		234.32 (T)	Primary
Gallium		302.91 (M)	Secondary
Indium		429.75 (F)	Primary
Tin		505.08 (F)	Primary
Bismuth		544.55 (M)	Secondary
Zinc		692.68 (F)	Secondary
Aluminum		933.47 (F)	Secondary
Inorganic substances			
Sodium nitrate	549	580 (M)	Tertiary
Lithium sulfate	851.43		Secondary
Organic substances			
2-Methylbutane		113.37 (M)	Primary
2-Methyl-1,3-butadiene		127.27 (T)	Secondary
Pentane		143.48 (T)	Primary
2,2,4-Trimethylpentane		165.80 (T)	Secondary
Cyclopentane	122.38, 138.06	179.72 (T)	Primary
Heptane		182.60 (T)	Primary
1,3-Difluorobenzene	187.3	204.08 (T)	Secondary
2,2-Dimethylpropane	140.51	256.76 (T)	Secondary
Hexafluorobenzene		278.30 (T)	Primary
Cyclohexane	186.25	279.81 (T)	Primary
Diphenyl ether		300.01(T)	Tertiary
Biphenyl		342.08 (T)	Primary
Naphthalene		353.35 (T)	Primary
Benzil		367.97 (T)	Secondary
Acetanilide		387.48 (T)	Secondary
Benzoic acid		395.50 (T)	Secondary
Diphenylacetic acid		420.41 (T)	Secondary
Triphenylene		471.02 (T)	Secondary
Hexachlorobenzene		501.83 (T)	Tertiary
Perylene		551.25 (T)	Secondary

Figure 13 Matériaux de référence recommandés pour la mesure de l'enthalpie de changement de phase (les valeurs d'enthalpie de fusion sont indiquées dans le tableau 2).

Les matériaux métalliques (mercure, gallium, indium, étain, bismuth, zinc, aluminium) permettent de couvrir une gamme de température allant de 234 K à 933 K pour l'étalonnage en température et en énergie des DSC.

[Stølen & Grønvold, 1999] ont présenté une compilation des valeurs d'enthalpies de fusion de ces mêmes métaux pour utilisation comme matériau de référence pour l'étalonnage en énergie des analyseurs calorimétriques. Une étude approfondie de la détermination de l'enthalpie de fusion de chaque élément a été présentée avec la pureté des échantillons étudiés et la méthode utilisée pour effectuer la mesure de l'enthalpie de fusion.

Leur évaluation a conduit à des valeurs recommandées pour l'enthalpie de fusion des métaux avec une estimation de l'incertitude sur la moyenne basée sur une méthode statistique. Ces valeurs recommandés ont été légèrement modifiées par des mesures effectuées depuis part le NIST [Archer & Rudtsch, 2003; Archer, 2004], et par PTB [Sarge & Krupke, 1996]. Le rapport technique de l'IUPAC [Della Gatta et al., 2006] prend en compte ces modifications. On les retrouve aussi sur le site du BIPM [Steffen Rudtsch, 2005].

Les valeurs de température et enthalpies de fusion recommandées dans la littérature pour les matériaux métalliques sont indiquées dans le tableau 2. La pureté de ces matériaux est entre 4N et 7N

Matériaux (Symbole)	T_{fusion} (°C)	Masse molaire (g. mol^{-1})	$\Delta_{fus}H$ [Sabbah et al., 1999]		$\Delta_{fus}H$ [Della Gatta et al., 2006]	
			(J.mol^{-1})	(J.g^{-1})	(J.mol^{-1})	(J.g^{-1})
Indium (In)	156,5985	114,818	3286 ± 13	28,62 ± 0,11	3281 ± 5	28,62 ± 0,04
Etain (Sn)	231,93	118,710	7170 ± 43	60,40 ± 0,36	7168 ± 18	60,38 ± 0,15
Bismuth (Bi)	271,40	208,9804	11250 ± 439	53,83 ± 2,10	11114 ± 25	53,18 ± 0,12
Cadmium (Cd)	321,07	112,411	6166 ± 18	54,85 ± 0,16	6211 ± 77	55,25 ± 0,68
Plomb (Pb)	327,47	207,2	4765 ± 11	23,00 ± 0,05	4782 ± 22	23,08 ± 0,11
Zinc (Zn)	419,53	65,39	7026 ± 80	107,45 ± 1,22	7068 ± 28	108,09 ± 0,43
Aluminium (Al)	660,32	26,9815	10740 ± 247	398,05 ± 9,15	10789 ± 36	399,87 ± 1,33
Argent (Ag)	961,78	107,8682	-	-	11284 ± 225	104,61 ± 2,09

Tableau 2 : Valeurs des enthalpies de fusion recommandées dans la littérature.

III.4. Disponibilité des matériaux de référence certifiés pour les techniques d'analyse thermique

Les laboratoires engagés dans le développement et la certification de matériaux de référence pour les méthodes calorimétriques sont peu nombreux dans le monde. Ils sont énumérés ci-après selon leur ancienneté dans leur activité.

- Le NIST commercialise depuis plus d'une trentaine d'années différents matériaux de référence en association avec l'organisation ICTAC.

En pratique, le NIST commercialisait le saphir (SRM 720) depuis 1970. Le saphir est aujourd'hui devenu la référence incontournable pour les déterminations de capacité thermique massique. Ce matériau a l'avantage d'être stable sur une très grande plage de température, et ne pas être sujet à des réactions d'oxydation comme les matériaux métalliques. Le molybdène (SRM 781d2) et le polystyrène (SRM 705a) sont aussi disponibles comme matériaux de référence certifiés en capacité thermique massique.

Le tableau 3 présente les SRMs (*Standard Reference Materials*) certifiés en température et en enthalpie de fusion pour l'étalonnage des DSC qui sont actuellement disponibles au NIST [NIST, 2013].

Elément	SRM	Enthalpie de fusion (J/g)	Température de fusion (K)
Mercure	2225	11,469	234,30
Indium	2232	28,51	429,7485 (156,5985°C)
Gallium	2234	80,097	302,9146
Bismuth	2235	53,146	544,556

Tableau 3 : Offre 2013 du NIST pour l'étalonnage des DSC

Il est à noter que le zinc ne figure plus dans cette liste à cause de sa forte tension de vapeur à la température de fusion. On remarque par ailleurs que le matériau présentant la température de fusion la plus élevée est le bismuth (271,4 °C), ce qui est insuffisant pour couvrir l'intégralité de la plage de température de fonctionnement des DSC et calorimètres fonctionnant à hautes températures.

- Le LGC, propose depuis une dizaine d'années différents matériaux de référence pour l'étalonnage des DSC.

Dès 1975, Grønvold s'est intéressé à la détermination des enthalpies de fusion par calorimétrie adiabatique, en particulier le bismuth. Il a ensuite poursuivi ses travaux pour la détermination des enthalpies de fusion de l'indium et de l'étain, à la demande et pour le compte de la société anglaise LGC. [Grønvold, 1993] a constaté que ses valeurs sont légèrement au-dessus des valeurs du NIST (de l'ordre de 0,8 %). Plus récemment, Grønvold et Stølen ont travaillé sur la détermination de la capacité thermique massique du zinc [Grønvold & Stølen, 2003] et du cadmium [Stølen & Grønvold, 2002] en phases solide et liquide, avec détermination de l'enthalpie de fusion. L'étude relative au zinc a été réalisée sur des produits fournis par le LGC. Il apparaît à présent que ce laboratoire a abandonné la détermination des enthalpies de fusion et de capacités thermiques massiques, considérant avoir fait le tour de la question, en particulier pour les métaux ayant un point de fusion entre 20 °C et 700 °C, à l'exception du gallium.

En consultant le catalogue LGC et leur site Internet ["LGC Standards," 2013], on trouve une offre assez large de matériaux étalons destinés à l'étalonnage des DSCs (cf. tableau 4).

LGC2609	*Tin - DSC calibration standard*
LGC2607	*Diphenylacetic acid - DSC calibration standard*
LGC2611	*Zinc - DSC calibration standard*
LGC2612	*Aluminium - DSC calibration standard*
LGC2601	*Indium - DSC calibration standard*
LGC2608	*Lead - DSC calibration standard*
LGC2604	*Benzil - DSC calibration standard*
LGC2610	*Biphenyl - DSC calibration standard*
LGC2603	*Naphthalene - DSC calibration standard*
LGC2605	*Acetanilide - DSC calibration standard*
LGC2606	*Benzoic acid - DSC calibration standard*
LGC2613	*Phenyl salicylate - DSC calibration standard*
NIST-2232	*Indium - DSC calibration standard*
NIST-2225	*Mercury - DSC calibration standard*
NIST-2235	*Bismuth - DSC calibration standard*
NIST-720	*Synthetic sapphire - Enthalpy and heat capacity*

Tableau 4 : Offre 2013 du LGC pour l'étalonnage des DSC

On remarque en particulier que les matériaux certifiés par le NIST se trouvent parmi les matériaux de référence proposés par le LGC.

- Le PTB s'est positionné pour la commercialisation des matériaux de référence, à destination des appareils DSC en collaboration avec l'association allemande d'analyse thermique, GEFTA (*Gesellschaft für Thermische Analyse*).

Le PTB, en collaboration avec le NIST, a mené des travaux de certification pour le gallium, l'indium, l'étain et le bismuth comme matériaux de référence pour l'étalonnage en température et en enthalpie des appareils DSC. Il a introduit ces matériaux sur le marché, mais il y a peu d'informations commerciales actuellement disponibles.

Pour ses travaux de certification de matériau de référence, le PTB a préféré l'utilisation d'un calorimètre à conduction de type Calvet (C80 de Sétaram). La procédure utilisée pour la mesure d'enthalpie de fusion consiste en pratique à l'enregistrement d'une courbe de fusion par méthode par balayage pour en déterminer l'enthalpie de fusion. Une nouvelle fusion de l'échantillon est ensuite réalisée avec l'application d'une puissance électrique simultanée et continue pour compenser le flux thermique dû à la fusion. L'enthalpie de fusion est estimée comme la combinaison de l'énergie électrique appliquée, de l'enthalpie résiduelle de fusion et de différents termes correctifs.

Un dispositif de compensation de puissance a été adapté au calorimètre C80 pour permettre ce type de détermination. La température limite de fonctionnement de ce calorimètre est de 300 °C. Pour la mesure de température, une cellule de type point fixe employée en thermométrie est utilisée. Il n'y a pas de littérature disponible décrivant cet appareillage et la procédure associée. Seul un poster, présenté au 11th ICTAC à Philadelphie en 1996 [Sarge & Krupke, 1996], montre succinctement la démarche de certification du gallium, indium, étain et bismuth, comme matériaux de référence pour l'étalonnage des DSC.

- Le laboratoire national de métrologie du Japon (NMIJ) travaille plus particulièrement sur les matériaux pour l'étalonnage des appareils DSC à basse température.

Il a développé un calorimètre adiabatique dans la gamme des températures de 50 K à 350 K [Baba & Yamada, 2010]. Il certifie des matériaux de référence en capacité thermique massique sur cette gamme de température. Des projets sont actuellement en cours avec une forte implication de l'association japonaise de calorimétrie et d'analyse thermique, JSCTA, pour évaluer différents matériaux de référence.

Conclusion

A travers les différentes références bibliographiques, il apparaît que de nombreuses techniques calorimétriques ont été développées et utilisées pour la détermination des capacités thermiques massiques et des enthalpies de fusions, avec une large utilisation des techniques de type calorimétrie adiabatique, pour atteindre la plus haute exactitude.

La DSC, est la technique la plus populaire car c'est la plus aisée à mettre en œuvre pour les mesures d'enthalpie de fusion et de capacité thermique massique. Elle est très souvent utilisée comme une méthode de mesure par comparaison nécessitant des matériaux de référence pour les étalonnages.

La disponibilité des matériaux de référence montre que les acteurs dans le domaine de la certification de ces matériaux sont en nombre très limité. Le NIST, qui reprend une activité dans ce domaine après une longue période d'absence, l'université d'Oslo, pour le compte du LGC, le PTB sur une gamme limitée en température. Bien que la plupart des métaux qui peuvent être certifiés aient été étudiés, il demeure encore des opportunités en particulier à haute température (au-delà de 600 °C).

Deuxième partie :
Développement et caractérisation d'un
instrument dédié

Introduction

La majorité des appareils DSC sont étalonnés en température et en énergie en utilisant des matériaux de référence certifiés en température et en enthalpie de fusion. Théoriquement, l'étalonnage optimum est obtenu à l'aide d'une réaction connue et mettant en jeu une quantité d'énergie analogue à celle étudiée, dans les mêmes conditions expérimentales. En pratique, l'existence d'une réaction étalon adaptée est rare. L'étalonnage électrique présente alors l'avantage de contrôler la quantité d'énergie dissipée, la façon dont elle est dissipée, et la température à laquelle s'effectue l'étalonnage.

Dans cette deuxième partie, nous nous intéressons à la conception et à la mise en œuvre d'un système d'étalonnage par effet Joule intégré dans un calorimètre à flux HT1000 de marque Sétaram. Parmi les calorimètres commerciaux, cet équipement semble le mieux adapté pour les mesures d'enthalpies de fusion et de capacités thermiques massiques jusqu'à 1000 °C avec une haute exactitude.

L'amélioration de la qualité des signaux issus du calorimètre et une qualification métrologique du système complet ont été faites autour du point de fusion de l'étain afin d'identifier et de quantifier les facteurs d'influence sur la mesure de l'enthalpie de fusion. Des procédures d'étalonnage électrique et de mesure d'enthalpie de fusion associées à l'utilisation de ce nouveau système d'étalonnage ont également été développées.

IV. Mise au point d'un moyen d'étalonnage en énergie par substitution électrique

Cette partie présente le calorimètre utilisé, la conception et la mise au point du système d'étalonnage, ainsi que la méthode d'étalonnage utilisée et les procédures qui ont été développées pour effectuer des mesures précises de l'enthalpie de fusion.

IV.1. Description du calorimètre HT1000

Le calorimètre utilisé est un calorimètre HT1000 commercialisé par la société Sétaram, qui peut fonctionner suivant les modes « calorimétrie à balayage » ou « calorimétrie à chute ». Il est essentiellement constitué de deux cellules identiques (cellules de référence et de mesure) situées symétriquement dans un bloc calorimétrique, d'un four et d'un dispositif d'introduction des éprouvettes. Le schéma du calorimètre est présenté en figure 14. Dans ce type de calorimètre dit « à flux de chaleur », la différence des flux de chaleur échangés par chaque cellule avec le bloc calorimétrique est mesurée en fonction du temps.

Deux capteurs fluxmétriques, composés d'un ensemble de thermocouples de type S (Pt/Pt-10%Rh) montés en série qui constituent une thermopile, entourent les deux cellules de mesure et les relient thermiquement au bloc calorimétrique. La hauteur de la zone sensible de 90 mm permet de contrôler la quasi-totalité des échanges entre la cellule et le bloc. Les deux fluxmètres étant montés en opposition, la force électromotrice mesurée est proportionnelle à la différence des flux thermiques échangés entre chaque cellule et le bloc calorimétrique. L'ensemble est placé dans un four fonctionnant entre 20 °C et 1000 °C, dont la température de régulation est mesurée à l'aide d'une sonde à résistance de platine.

Lorsque la température du bloc calorimétrique varie, les températures des deux cellules évoluent de façon similaire, et le montage différentiel permet d'annuler le flux parasite induit par la variation de la température du bloc calorimétrique. Pour obtenir une ligne de base la plus horizontale possible, il est conseillé d'équilibrer soigneusement la capacité thermique de la cellule de référence par rapport à la cellule de mesure.

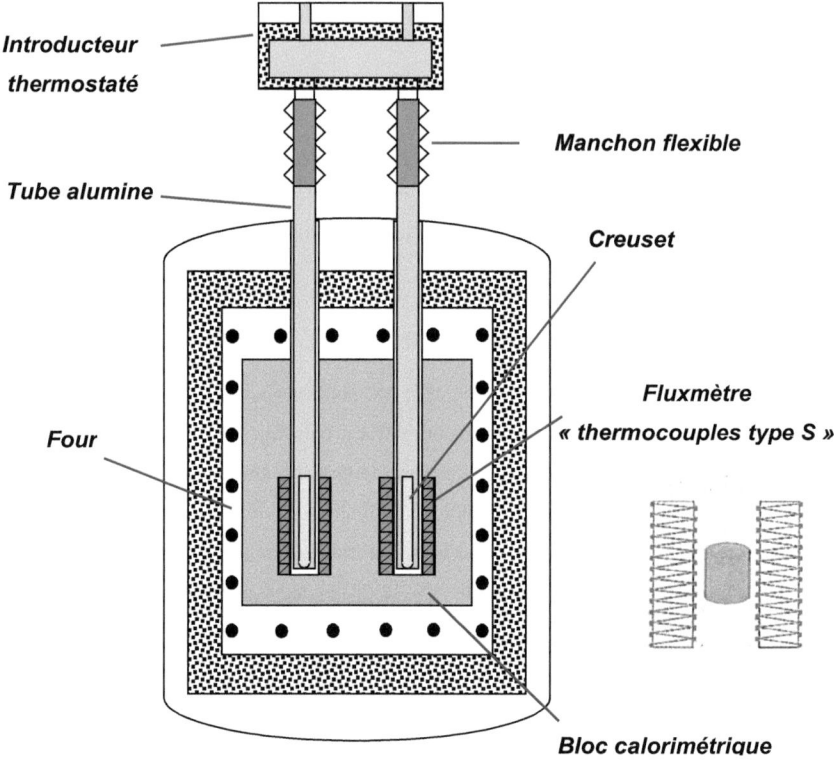

Figure 14 : Schéma du calorimètre HT1000

La température moyenne des deux cellules est mesurée avec un thermocouple de type S placé au centre géométrique du bloc calorimétrique. Un thermocouple de sécurité a été rajouté au calorimètre pour définir la température maximale au-delà de laquelle l'alimentation de la résistance de chauffage du four est arrêtée. La régulation de la température du four est assurée par un module de puissance et un contrôleur permettant la programmation et la régulation de la température selon les séquences définies par l'opérateur.

Dans le mode de fonctionnement par chute, un dispositif de manipulation « introducteur » permet d'introduire les éprouvettes dans les cellules de mesure sous atmosphère neutre de façon à éviter toute dégradation ou oxydation de l'éprouvette à haute température. Plusieurs types d'introducteurs ont été utilisés avec ce type de calorimètre dont un fabriqué et commercialisé par Sétaram, et un autre mis au point au laboratoire de thermodynamique métallurgique de l'université de Grenoble (LTPCM-ENSEEG) permettant d'automatiser la chute des échantillons de façon similaire à la solution de [Flandorfer, Gehringer, & Hayer, 2002].

Quand le calorimètre est utilisé en mode de balayage, l'introducteur ne joue aucun rôle dans l'expérimentation sauf pour le passage du gaz inerte dans les deux cellules. Des doigts de gant en alumine sont reliés à l'extrémité inférieure du système de mise sous atmosphère contrôlée (introducteur) par l'intermédiaire d'un manchon métallique souple amovible terminé par une bride de maintien à joint torique.

IV.2. Principe de fonctionnement

Lorsqu'une éprouvette, contenue dans un creuset situé dans l'une des deux cellules de mesure, se transforme (fusion), s'échauffe ou se refroidit, elle échange de la chaleur (absorbée ou dégagée) avec le bloc calorimétrique qui l'entoure via les capteurs fluxmétriques. Le signal électrique délivré par ces capteurs est proportionnel aux flux thermiques échangés par conduction entre les cellules et le bloc calorimétrique. L'intégrale de ce signal en fonction du temps est égale, à la sensibilité du fluxmètre près, à l'énergie dégagée ou absorbée dans la cellule de mesure.

Cet appareil présente une très grande inertie, grâce à un gros bloc calorimétrique ayant la forme d'un cylindre de 246 mm de hauteur et 130 mm de diamètre fabriqué en alliage FeCrAl (Kanthal A-1). Des mesures en programmations continue ou étagée [Legendre et al., 2006] sont réalisables pour des vitesses très lentes (de 0,01 à 1 K.min^{-1}), ce qui permet d'être proche de l'équilibre thermique.

Une étude approfondie, et des conseils d'utilisation pour faire des mesures fiables d'enthalpie par calorimétrie à chute en utilisant le calorimètre Calvet HT1000 ont été proposés dans [Legendre et al., 2006].

Un calorimètre de ce type a été utilisé en mode calorimétrie à chute par [Santos, Schröder, Fernandes, & Ribeiro da Silva, 2004] pour la mesure de l'enthalpie de sublimation de différents matériaux (le ferrocène, l'acide benzoïque et l'anthracène) à plusieurs températures.

L'incertitude de mesure, de l'ordre de 2 %, est dominée par les impuretés et la stabilité thermique des matériaux à tester.

Le mode de fonctionnement par balayage avec une programmation linéaire de la température a été utilisé dans notre travail. Lorsqu'un matériau, situé dans l'une des deux cellules de mesure, atteint sa température de fusion, la différence du flux thermique est détectée par les thermopiles et donne naissance à un pic de fusion. L'enthalpie mise en jeu lors de la fusion est proportionnelle à la surface A de ce pic (cf. équation 36).

$$\Delta_{fus} H = K.A \tag{36}$$

Où K est la sensibilité du calorimètre à la température de fusion, et A l'aire du pic comprise entre le thermogramme de fusion et la ligne de base.

Le coefficient d'étalonnage K dépend en particulier de la géométrie, de la symétrie et de la constante de temps du calorimètre ainsi que des résistances thermiques de contact entre les différents éléments. Il n'est pas constant sur toute la gamme de température de fonctionnement, d'où la nécessité d'étalonnage en énergie à plusieurs températures de fonctionnement.

L'étalonnage électrique présente l'avantage d'être une méthode permettant d'une part de connaître très précisément l'énergie dissipée, et d'autre part de choisir des niveaux d'énergie dissipée compatibles avec ceux mesurés lors de la détermination de la capacité thermique massique ou de l'enthalpie de fusion d'un matériau. L'étalonnage par substitution électrique permet surtout d'avoir une traçabilité directe des mesures au SI, et de pouvoir être effectué à n'importe quelle température de fonctionnement du calorimètre.

Bien que ce type d'étalonnage soit celui qui conduise à l'incertitude d'étalonnage la mieux maîtrisée, il est en pratique assez « lourd » à mettre en œuvre et beaucoup d'appareils de DSC ne permettent pas de l'appliquer (cf. II.4.4.2.2).

IV.3. Les exigences du système d'étalonnage électrique

Le constructeur (Sétaram) a fourni lors de la livraison du calorimètre un module d'étalonnage constitué d'un cylindre céramique ajusté aux dimensions des fluxmètres. La source d'étalonnage est une résistance électrique de 400 Ω environ à température ambiante, noyée dans ce cylindre. Même si la liaison électrique avec le module d'alimentation pour l'étalonnage par effet Joule est assurée par un montage en quatre fils, le système n'est pas traçable aux unités du SI et ne permet pas d'ajuster la quantité d'énergie dissipée.

L'introduction temporaire d'un cylindre céramique pendant les phases d'étalonnage modifie considérablement la configuration thermique du calorimètre; les conditions expérimentales de l'étalonnage s'écartent donc des conditions réelles d'utilisation. D'autre part, les performances métrologiques du système électrique fourni ne sont pas compatibles avec les incertitudes recherchées sur les mesures des enthalpies de fusion (incertitude relative élargie inférieure à 0,5 %). Ce système n'est donc pas adapté à nos besoins. Un cahier des charges a été défini pour la réalisation d'un nouveau système d'étalonnage électrique dont les contraintes sont décrites ci-après.

IV.3.1. Contraintes environnementales

Ces contraintes sont liées aux conditions expérimentales et la gamme de la température de fonctionnement du calorimètre HT1000

- La température maximale d'utilisation est de 1000 °C,
- L'ensemble est placé sous vide (10^{-6} mbar) ou sous atmosphère contrôlée (argon ou azote),
- Les matériaux utilisés dans le système d'étalonnage doivent être inertes chimiquement.

IV.3.2. Contraintes géométriques

Ces contraintes sont liées à l'emplacement des thermopiles et à la profondeur des puits du calorimètre

- Le creuset d'étalonnage ne doit pas dépasser la zone sensible du calorimètre (cf. figure 15). La hauteur de cette zone est de 90 mm.
- Les fils électriques (d'alimentation et de mesure) doivent arriver avec le creuset d'étalonnage dans la zone sensible. Il ne faut pas avoir de court circuit électrique.

IV.3.3. Contraintes mécaniques

- Le système d'étalonnage doit permettre le passage d'un guide inox qui permet de mettre en communication le système d'introduction contenant le matériau à faire chuter et la zone sensible des thermopiles (dans le cas du mode calorimétrie à chute),

- L'ensemble doit être démontable (possibilité de vider le creuset contenant l'échantillon, de retirer le guide inox, de déconnecter les fils).

- Un passage étanche pour la connectique des fils électriques reliés à la résistance doit être mis en place entre les doigts de gant en alumine et le manchon flexible.

IV.3.4. Contraintes énergétiques

- Le système d'étalonnage doit pouvoir dissiper l'énergie correspondant à la variation d'enthalpie d'une masse de 100 mg de saphir de synthèse quand elle chute de la température ambiante dans le calorimètre maintenu à sa température maximale d'utilisation (1000 °C). Cette variation d'enthalpie correspond à peu près à 110 Joules.

- Le système d'étalonnage doit pouvoir dissiper l'énergie correspondant à l'enthalpie de fusion de 1 g des métaux étudiés (ayant une pureté de 5N ou 6N en fonction des matériaux). Cette énergie varie approximativement entre 28 joules pour l'indium et 400 joules pour l'aluminium.

IV.3.5. Contraintes métrologiques

- Pour effectuer des mesures précises de la tension d'alimentation aux bornes de la résistance chauffante, un montage en quatre fils est indispensable,

- L'étalonnage du système de dissipation d'énergie par effet Joule doit être traçable aux unités de base au SI (la seconde et l'ampère).

- La variabilité des conditions expérimentales entre l'étalonnage et la mesure étant l'une des sources dominantes de l'incertitude de mesure de l'enthalpie de fusion, le système d'étalonnage doit rester en place à l'intérieur du calorimètre afin de pouvoir effectuer l'étalonnage et les mesures exactement dans les mêmes conditions expérimentales.

- L'objectif cible d'incertitude relative élargie (k=2) sur les mesures des enthalpies de fusion est de moins de 0,5 %.

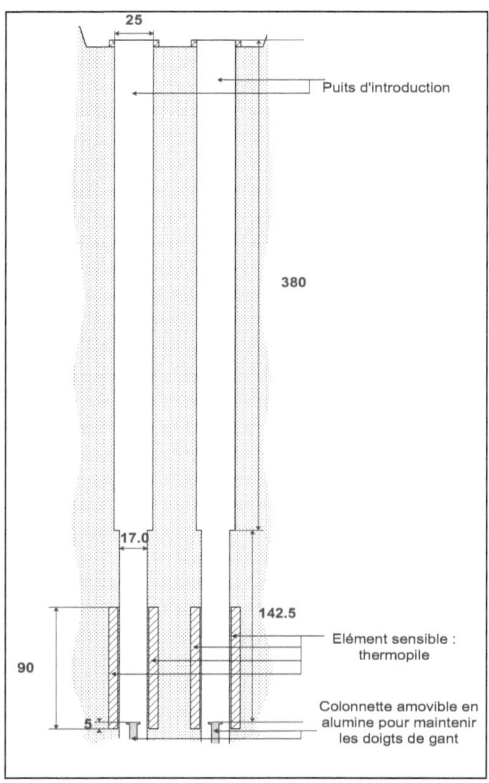

Figure 15 : Emplacement des thermopiles du calorimètre à chute HT1000 (dimensions en mm)

IV.4. Réalisation d'un prototype de creuset d'étalonnage

La conception du système d'étalonnage est basée sur l'instrumentation d'un creuset permettant de générer radialement une énergie électrique par effet Joule de façon similaire à celle dissipée lors de la fusion d'un matériau [Razouk, Hay, & Himbert, 2013]. Différents prototypes de creuset d'étalonnage ont été testés. Après diverses améliorations successives, le schéma final du creuset en céramique (alumine pure étanche Al_2O_3) qui sert à la fois à effectuer des étalonnages par effet Joule et à recevoir le matériau à étudier dans des creusets en quartz, est présenté dans la figure 16. L'usinage de gorges en double hélice d'un pas de 1 mm permet de maintenir le fil résistif en position, et d'éviter un court circuit électrique. Les deux trous adjacents en bas du creuset permettent le premier passage du fil résistif pour effectuer le double bobinage, et les six trous repartis plus haut servent à définir la zone de chauffage en fonction de la sortie du fil résistif. Deux fentes latérales laissent de la place pour loger la soudure du fil résistif en montage quatre fils (deux fils d'alimentation en courant et deux fils de mesure de la tension aux bornes de la résistance chauffante).

La double hélice permet de réduire l'effet inductif lors du passage du courant électrique dans la résistance chauffante. Ce type de bobinage non inductif a été utilisé par [Sorai & Gakkai, 2004] lors de la mesure de la capacité thermique massique par calorimétrie adiabatique.

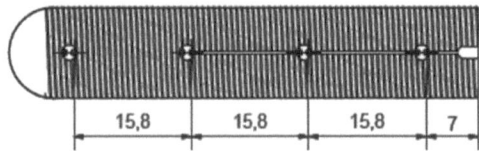

Figure 16 : Plan du creuset d'étalonnage

Trois paires de creusets d'étalonnage en céramique ont ensuite été réalisées en fonction de la surface couverte par le bobinage du fil résistif sur la zone utilisable :

- Creuset N° 1 : Le fil chauffant est bobiné sur un tiers de la zone utilisable, et la résistance chauffante constitue la partie basse du creuset (figure 17.a).

- Creuset N° 2 : creuset avec fil chauffant bobiné sur les deux tiers de la zone (figure 17.b).

- Creuset N° 3 : Le fil chauffant est bobiné sur toute la zone (figure 17.c).

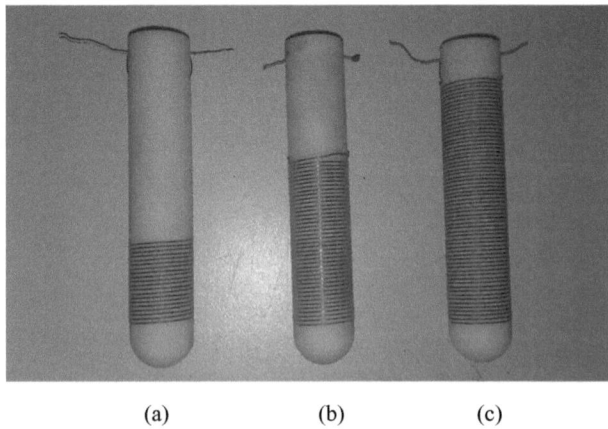

(a)   (b)   (c)

Figure 17 : Les trois types de creusets d'étalonnage

L'élément chauffant est constitué d'un fil de Nickel-Chrome (Ni80/Cr20), alliage réfractaire dont la température de fusion est d'environ 1400 °C, et dont la résistivité électrique est de $1,08 \times 10^{-6}$ $\Omega \cdot m$ à 20 °C. Le diamètre du fil est de 0,25 mm. L'ordre de grandeur des résistances pour les trois types de creusets d'étalonnage au voisinage de la température de fusion de l'étain est respectivement de 20 Ω, 38 Ω, 55 Ω.

Les fils d'alimentation et de mesure sont en nickel pur, de diamètre 0,4 mm pour l'alimentation en courant, et de diamètre 0,25 mm pour la mesure de tension. Ces fils passent à travers deux tubes bifilaires et des écrans thermiques en alumine. Le choix du diamètre des fils résulte d'un compromis entre les pertes par conduction, qui sont proportionnelles au diamètre des fils, et l'auto échauffement des fils induit par le passage du courant, qui est inversement proportionnel au carré du diamètre des fils. La partie haute de ces fils est reliée mécaniquement au connecteur étanche.

Au-dessus du creuset, des écrans thermiques servent à la fois à centrer le guide métallique (qui sera utilisé dans le futur pour des essais par chute) et à réduire les pertes thermiques par rayonnement vers le haut du calorimètre. La figure 18 présente un schéma du creuset d'étalonnage avec le passage étanche des fils d'alimentation et de mesure (le guide métallique n'est pas dessiné).

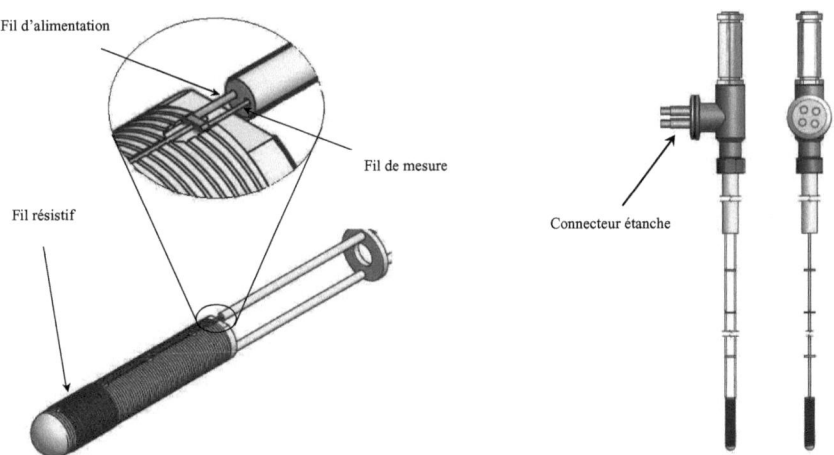

Figure 18 : Conception du creuset d'étalonnage

Les deux cellules de mesure du calorimètre sont équipées de systèmes d'étalonnage strictement identiques, afin de supprimer le déséquilibre de ligne de base qui serait généré par la présence de ce système uniquement dans l'une d'entre elles. Il est ainsi possible d'effectuer indifféremment les dissipations d'énergie par effet Joule soit dans la cellule contenant l'échantillon, soit dans l'autre.

IV.5. Développement du système de dissipation électrique

Le système de dissipation électrique permet d'ajuster la puissance électrique en ajustant la valeur du courant à injecter dans la résistance chauffante bobinée autour du creuset instrumenté, ainsi que la durée de dissipation. La version finale du système de dissipation électrique comprend les éléments suivants (cf. figure 19):

- Une source d'alimentation continue HP 6655A pilotable,
- Une résistance étalon de valeur nominale 0,1 Ohm,
- Un multimètre HP 34970A pour la mesure des deux tensions : aux bornes de la résistance étalon, et aux bornes de la résistance chauffante,
- Un relais électronique commandé par une sortie analogique d'une carte National Instrument PCI 6052E.

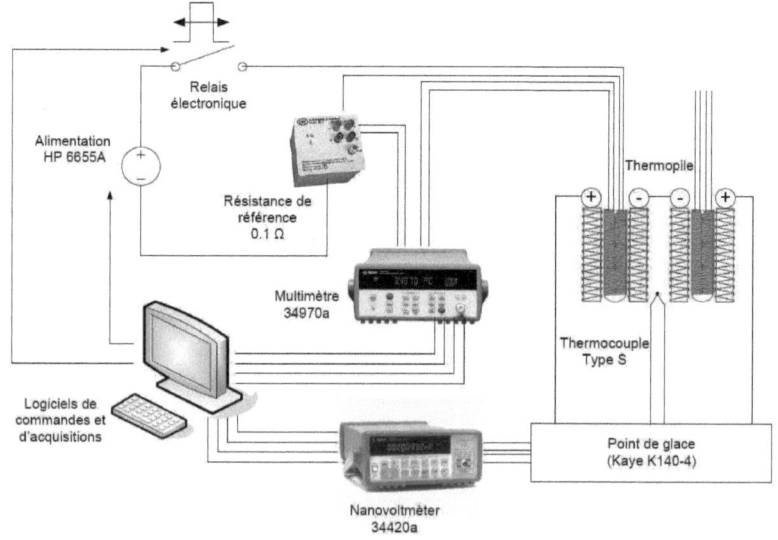

Figure 19 : Schéma électrique des systèmes d'étalonnage et d'acquisition

La détermination de l'énergie électrique dissipée dans le calorimètre consiste à mesurer la tension aux bornes de la résistance chauffante (U_{chauf}), la tension aux bornes de la résistance étalon (U_{ref}) permettant de déterminer le courant I_{chauf} traversant la résistance chauffante, la durée de dissipation électrique (t_{dis}), et à connaître la valeur de la résistance étalon dans les conditions expérimentales.

La puissance électrique instantanée est donnée par l'équation 37:

$$P(t) = U_{chauf}(t) \cdot I_{chauf}(t) = \frac{U_{chauf}(t) \cdot U_{ref}(t)}{R_s} \qquad (37)$$

Avec R_s : la résistance étalon de valeur nominale 0,1 Ω.

L'intégrale de cette puissance électrique sur la durée de dissipation t_{dis} est l'énergie électrique générée par effet Joule dans le calorimètre grâce à la résistance chauffante (cf. équation 38).

$$E = \int_0^{t_{dis}} P(t)\, dt \approx \frac{\overline{U_{chauf}} \cdot \overline{U_{ref}}}{R_s} t_{dis} \qquad (38)$$

où $\overline{U_{chauf}}$ et $\overline{U_{ref}}$ sont les moyennes des tensions mesurées pendant la durée de dissipation électrique t_{dis}, aux bornes respectivement de la résistance chauffante du creuset d'étalonnage et de la résistance étalon.

La forme rectangulaire des deux tensions montrée en figure 20 (pour une durée de dissipation de 10 s et une fréquence d'acquisition de 1 ms) justifie l'approximation de l'équation 38.

Une autre version du système de dissipation électrique, dans laquelle l'alimentation stabilisée et le relais électronique (avec son programme de commande) sont remplacés par un sourcemètre Keithley 2612A, a été mise en œuvre avec les programmes de dissipation et d'acquisition correspondant. Une comparaison des performances métrologiques de ces deux configurations a été réalisée lors de la détermination de la sensibilité en énergie du calorimètre et après étalonnage de la durée de dissipation (cf. Annexe 2). Les résultats obtenus nous ont conduit à préférer la version basée sur l'utilisation de l'alimentation HP 6655A et du relais électronique commandé.

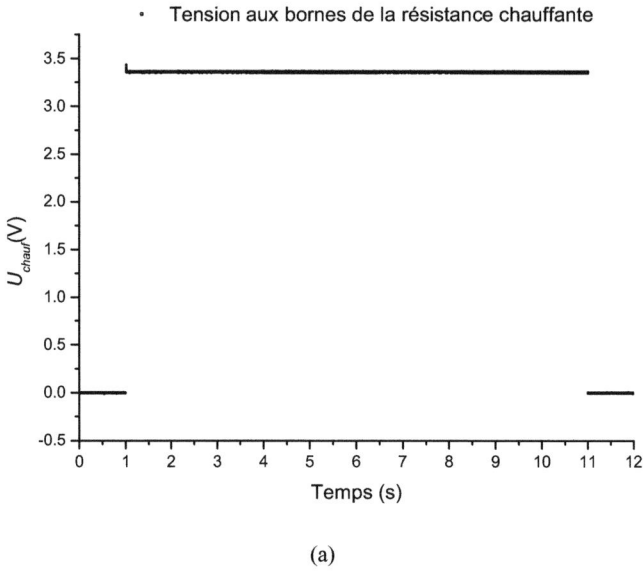

(a)

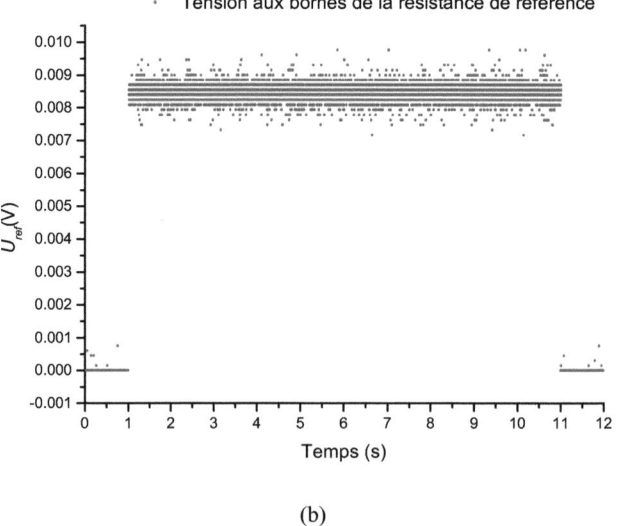

(b)

Figure 20 : Profil rectangulaire des deux tensions aux bornes de la résistance chauffante (a) et de la résistance de référence (b)

Un programme de pilotage a été développé sous LabVIEW pour avoir la possibilité d'ajuster la valeur de l'énergie électrique dissipée par effet joule dans le calorimètre. Il permet de :

- Commander l'alimentation et choisir les valeurs souhaitées de la tension et du courant d'alimentation,

- Commander l'ouverture et la fermeture du relais électronique avec une durée de dissipation variant de 10 ms à l'infini,

- Générer plusieurs dissipations électriques avec des intervalles de temps maîtrisés.

Connaissant le niveau d'énergie à générer dans le calorimètre par effet Joule, on ajuste la durée de dissipation (t_{dis}) et la valeur du courant électrique qui doit passer dans la résistance chauffante (en ayant préalablement mesurée sa valeur à la température ambiante lors de son bobinage).

IV.6. Développement du système d'acquisition et améliorations métrologiques

Le logiciel SETSOFT 2000, fourni par le constructeur, permet de réguler la température du four et de réaliser une série d'expérimentations. Cette partie du logiciel a été conservée dans ce travail. Le logiciel permet aussi de mesurer et traiter les signaux issus du calorimètre HT1000 à savoir : le signal des deux thermopiles mises en opposition, et la température moyenne des deux cellules mesurée par un thermocouple de type S. Nous avons développé notre propre système d'acquisition et de stockage des mesures de tensions (U_{chauf}, et U_{ref}), du signal calorimétrique, et de la température de l'échantillon, afin de s'affranchir du système d'acquisition du constructeur qui présente les inconvénients suivants :

- Impossibilité de l'étalonner pour assurer une traçabilité au SI,

- Limitation du nombre de points de mesure à 15000 points, quelle que soit la durée de l'expérimentation.

- Présence de parasites électriques transmis par les câbles de compensation sur les deux signaux provenant des thermopiles et du thermocouple,

- Présence d'un offset électronique constant traduisant un phénomène thermique inexistant.

Un nanovoltmètre (Agilent 34420A) est utilisé pour mesurer les deux signaux. Le schéma électrique du système d'acquisition des signaux mesurés est donné en figure 19.

Nous avons observé que la liaison entre les câbles de compensation et les fils à la sortie des thermopiles était le siège d'un signal parasite dû à la variation de la température de la salle. Ces derniers ont donc été rallongés par des fils Pt-10%Rh et connectés à des câbles en cuivre dont l'autre extrémité est raccordée au nano-voltmètre. Les connexions entre les fils de cuivre et les fils Pt-10%Rh sont immergées dans un point de glace assuré par une boite Kaye K140-4 (cf. figure 20). Cette amélioration permet de réduire les bruits parasites dus à la régulation ou aux variations de la température du laboratoire. La figure 21 présente une comparaison du signal enregistré à 160 °C par le système d'acquisition fourni par Sétaram sans thermalisation de la soudure froide (1), et le même signal enregistré par notre système d'acquisition avec une amélioration du niveau du bruit grâce à la thermalisation de la soudure froide (2). Nous avons ainsi réduit le bruit sur le signal calorimétrique de 0,1 µV (crête à crête) à 0,02 µV (crête à crête).

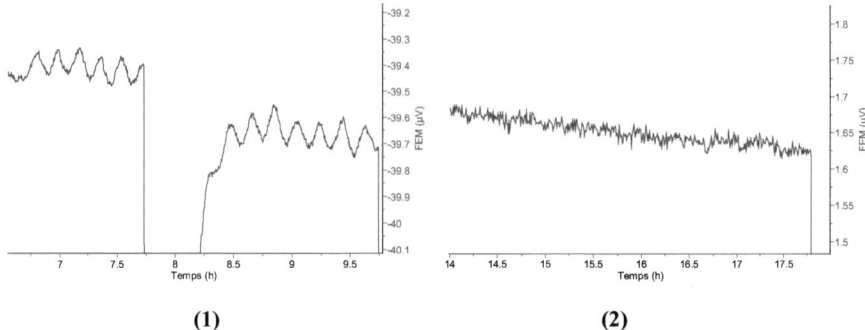

(1)   **(2)**

Figure 21 : Amélioration métrologique du niveau de bruit sur le signal calorimétrique

La même opération est faite pour le thermocouple de mesure de la température du bloc calorimétrique avec des câbles de même nature Pt(-) / Pt-10%Rh(+).

Le système d'acquisition permet de stocker dans un même fichier les mesures du nano voltmètre (Agilent 34420A) et du voltmètre (HP 34970A) ainsi que la date, heure, et la température de la jonction froide mesurée à l'aide d'une chaîne de mesure de température étalonnée (composée d'une sonde de platine (Pt-100) et d'un multimètre HP 34970A). Ce fichier représente les données brutes d'étalonnage et de mesure. Le traitement des données de mesure est présenté au chapitre IV.8.

Les éléments constituant le système d'étalonnage électrique et le système d'acquisition sont rassemblés dans une baie (cf. figure 22). Les équipements utilisés pour effectuer l'étalonnage du calorimètre et les mesures d'enthalpie de fusion sont résumés dans le tableau 5.

Equipement	Type	Fabricant
Calorimètre	Calvet HT1000	Sétaram
Nanovoltmètre	Agilent 34420A	Agilent
Multimètre	Agilent 34970A	Agilent
Alimentation DC	HP 6655A	Hewlett Packard
Résistance standard	SRL-0.1	IET Labs
Point de référence	Kaye K140-4	General Electric
Relais électronique	SKD10306	Celduc
In/Out carte	PCI 6052E	National Instruments
IEEE plug-in	GPIB-USB	National Instruments
Operating system	Windows XP SP3	Microsoft
Logiciel de développement	LabView 2009 SP1	National Instruments
Comparateur de masse	AX1005	Mettler Toledo

Tableau 5 : Equipements utilisés pour l'étalonnage et la mesure des enthalpies de fusion

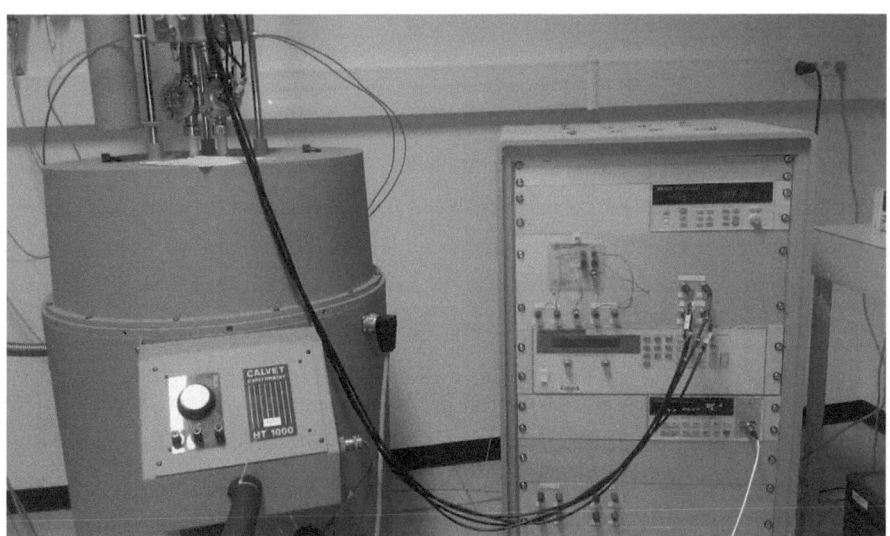

Figure 22 : Le calorimètre avec les systèmes d'étalonnage et d'acquisition.

IV.7. Les différentes procédures d'étalonnage et de mesure de l'enthalpie de fusion

Différentes procédures d'étalonnage et de mesure d'enthalpie de fusion peuvent être appliquées avec les creusets instrumentés et les programmes de dissipation et d'acquisition mise en œuvre.

Une première procédure consiste à effectuer l'étalonnage du calorimètre et la mesure d'enthalpie de fusion en deux étapes distinctes :

1) Etalonnage du calorimètre

La sensibilité du calorimètre est déterminée en fonction de la température par étalonnage par effet Joule autour de la température de fusion du matériau à étudier au cours d'un premier balayage en température (cf. figure 23.a). L'enregistrement de la force électromotrice délivrée par les thermopiles en fonction du temps permet de déterminer l'aire de chaque pic correspondant à chaque dissipation électrique. Le rapport de l'aire par l'énergie réellement dissipée donne la sensibilité en énergie à la température mesurée par le thermocouple type S.

2) Mesure d'enthalpie de fusion

L'échantillon à étudier est placé dans le creuset instrumenté puis l'ensemble est réintroduit dans le calorimètre. Le thermogramme de fusion est ensuite enregistré lors d'un second balayage en température réalisé avec la même vitesse de chauffe que celle appliquée pour l'étalonnage (cf. figure 23.b). L'enthalpie de fusion de l'échantillon (en Joule) est le rapport entre l'aire comprise entre le thermogramme et la ligne de base (en $\mu V.s$) divisée par la sensibilité du calorimètre (déterminée dans la première étape et exprimée en $\mu V.W^{-1}$) à la température de fusion. Celle-ci est prise égale à la température onset du pic de fusion.

Cette procédure présente l'inconvénient de devoir sortir le système d'étalonnage du calorimètre entre les deux étapes pour y mettre l'échantillon à étudier. La position du creuset pendant la mesure peut ne donc pas être strictement identique à celle qu'il avait pendant l'étalonnage, et donc les conditions expérimentales peuvent être différentes. Cette procédure sert néanmoins à évaluer la variation de la sensibilité des thermopiles en fonction de la température, et à confirmer la possibilité d'interpoler linéairement la sensibilité des thermopiles à la température de fusion à partir de deux étalonnages électriques réalisés avant et après la fusion (cf. deuxième procédure ci-après).

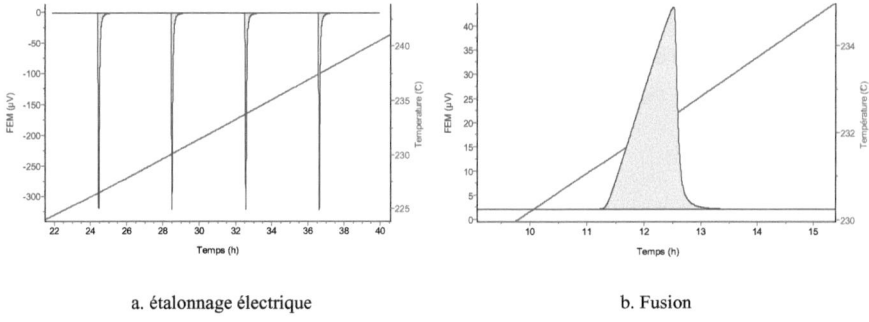

a. étalonnage électrique   b. Fusion

Figure 23 : Première procédure

Une deuxième procédure (cf. figure 24) consiste à encadrer le thermogramme de fusion par deux étalonnages électriques réalisés pendant la même programmation linéaire de la température. Cette deuxième procédure, qui est celle qui a été retenue pour la suite de nos travaux de recherche, est présentée en détail dans le chapitre IV.8.

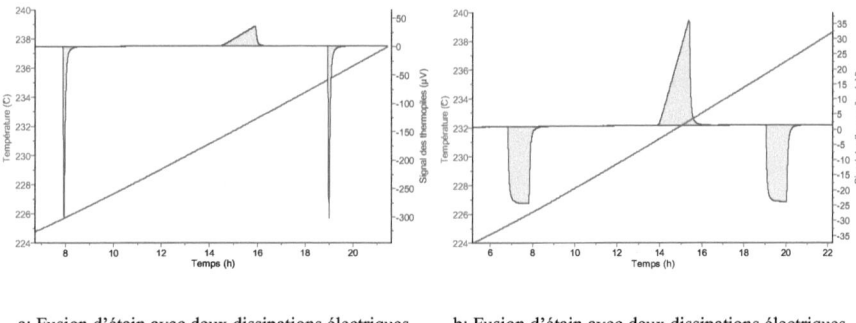

a: Fusion d'étain avec deux dissipations électriques   b: Fusion d'étain avec deux dissipations électriques
pendant 174 s   pendant 3600 s

Figure 24 : Exemples de thermogrammes de dissipations électriques et fusion d'un échantillon d'étain lors d'une programmation linéaire de la température à 15 mK/min

Une troisième procédure (variante de la précédente), qui consiste à effectuer deux étalonnages électriques entourant une fusion avec compensation du flux, a également été étudiée. D'un point de vue théorique, si la compensation est parfaite, alors la chaleur de fusion est égale à l'énergie électrique mise en jeu lors de la compensation, et le thermogramme est confondu avec la ligne de base donnant une surface nulle. Des essais ont d'abord été réalisés en dissipant une puissance électrique constante pendant la fusion. Il n'a pas été possible de compenser exactement le flux nécessaire pour la fusion (cf. figure 25). Cette procédure a ensuite été testée avec le sourcemètre (Keithley 2612A) en faisant varier la puissance électrique dissipée en fonction de l'avancement de la fusion (cf. figure 26).

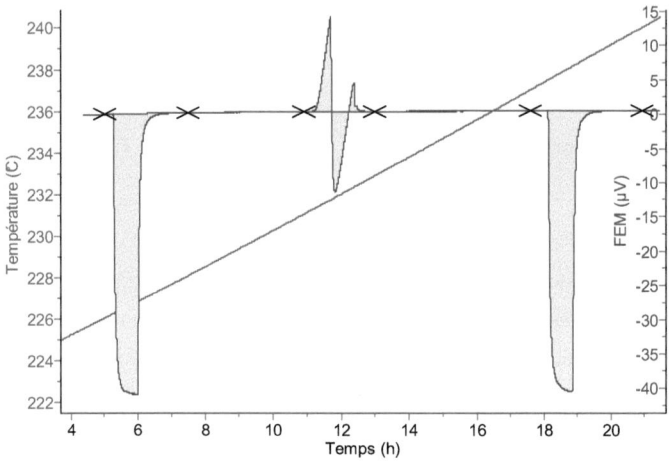

Figure 25: Compensation d'une fusion avec une puissance électrique constante, vitesse de balayage 15mK/min, deux étalonnages électriques encadrent la fusion compensée

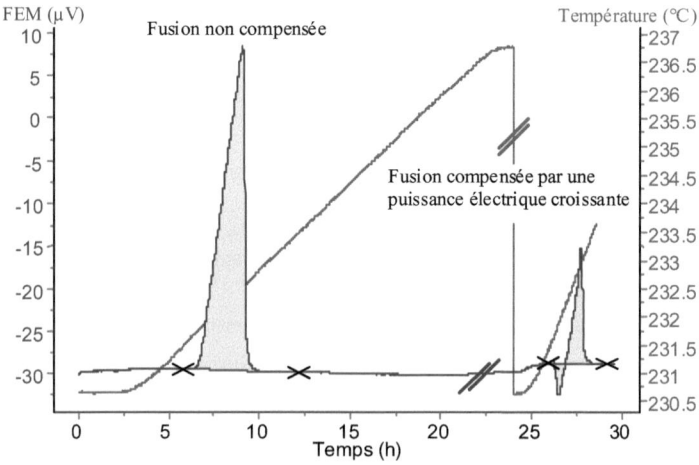

Figure 26: Compensation d'une fusion avec une puissance électrique variable (vitesse de balayage 15mK/min)

Là encore les résultats obtenus montrent que la compensation de l'endothermie de fusion par une dissipation électrique simultanée est difficile à réaliser. Par ailleurs, l'incertitude sur l'énergie électrique dissipée d'une part et la difficulté à définir et à construire la ligne de base (pendant la compensation électrique) d'autre part seront plus importantes que pour les autres méthodes. Ceci nous a amenés à ne pas continuer dans cette voie et à poursuivre nos investigations avec la deuxième procédure.

IV.8. La procédure adoptée pour la mesure de l'enthalpie de fusion

La méthode de mesure d'enthalpie de fusion que nous avons adoptée est celle consistant à encadrer la fusion du matériau dont on cherche à déterminer l'enthalpie de fusion par deux étalonnages par substitution électrique. La figure 27 présente un exemple de thermogramme obtenu dans le cas de la fusion de 631 mg d'étain. Pendant la même programmation linéaire en température à faible vitesse de chauffage (15 mK/min), une dissipation électrique d'une quantité d'énergie équivalente à celle de la fusion du matériau est effectuée avant d'arriver à la température de fusion. Cette première dissipation électrique permet de déterminer la sensibilité du calorimètre en énergie à une température T_1 légèrement inférieure à la température de la fusion à étudier. Une deuxième dissipation électrique est effectuée à une température T_2 légèrement supérieure à la température de fusion pour déterminer la sensibilité du calorimètre en énergie à cette température. Il faut que ces deux dissipations soient suffisamment éloignées du pic de fusion afin d'éviter des éventuelles recouvrements entre les pics dus aux dissipations électriques et le pic de fusion.

La dissipation d'une quantité d'énergie E_1 à la température T_1 induit le premier pic exothermique. L'aire A_1 de ce pic est proportionnelle à la chaleur détectée par les thermopiles du calorimètre. Si $S(t)$ est la force électromotrice mesurée à l'instant t aux bornes des thermopiles, alors A_1 est donnée par :

$$A_1 = \int_{t_i}^{t_f} \left(S(t) - S_0(t) \right) dt \tag{39}$$

où t_i et t_f sont respectivement les instants initial et final encadrant le domaine temporel sur lequel est réalisé l'intégration (cf. figure 28) et $S_0(t)$ est la ligne de base virtuelle reliant les points t_i et t_f. Cette ligne de base est prise comme étant la droite de régression des points situés avant t_i et après t_f. On considère dans la suite que A_1, A_2, et A_{fusion} sont les aires (en μV.s) correspondantes aux dissipations électriques et à la fusion.

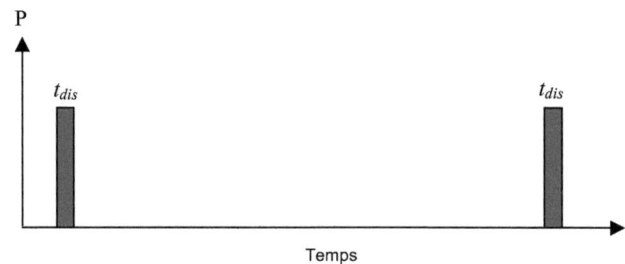

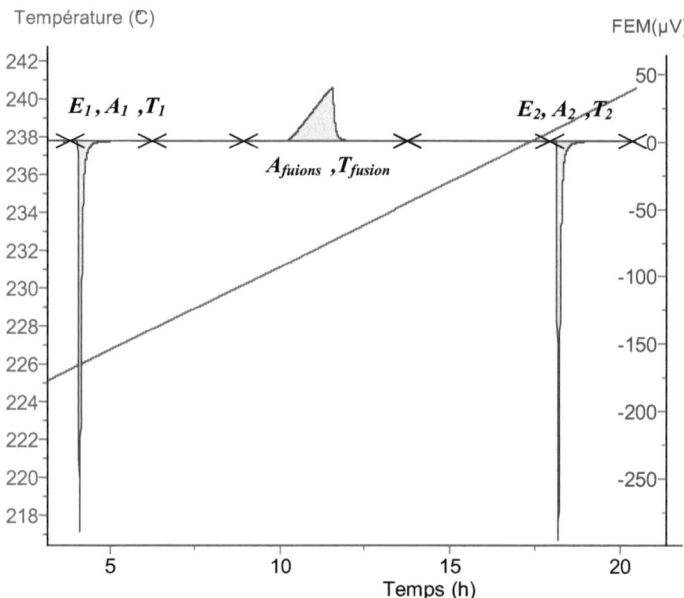

Figure 27: Etalonnages électriques avant et après la fusion d'une éprouvette d'étain

L'équation (39) peut s'écrire sous la forme de somme des aires des trapèzes élémentaires. En effet chaque trapèze aura chacun de ces côtés en commun avec les trapèzes adjacents, à l'exception du premier et du dernier qui n'ont qu'un côté en commun. Si le pas d'acquisition est constant alors (39) devient :

$$A_1 = \frac{\Delta t}{2}\left[(S(t_0) - S_0(t_0)) + (S(t_n) - S_0(t_n)) + 2\sum_{j=1}^{n-1}(S(t_j) - S_0(t_j)) \right] \qquad (40)$$

où Δt est le pas d'acquisition (généralement égal à 3 s).

88

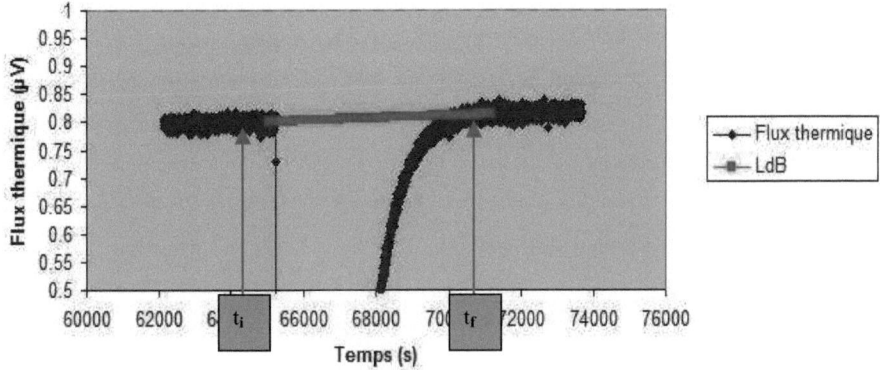

Figure 28 : Thermogramme de dissipation électrique

Soit t_{dis} la durée de la dissipation électrique, d'après l'équation (39), l'énergie électrique est donnée par :

$$E = \int_0^{t_{dis}} P(t)\,dt \approx \frac{\overline{U_{chauf}}.\overline{U_{ref}}}{R_s} t_{dis}$$

Les sensibilités des thermopiles aux températures T_1 et T_2 sont données par :

$$Sens_1 = \frac{A_1}{E_1} \quad \text{et} \quad Sens_2 = \frac{A_2}{E_2} \tag{41}$$

La sensibilité *Sens* à la température de fusion T_{fusion} (correspondant à la température onset du pic de fusion) est calculée par l'interpolation linéaire des deux sensibilités $Sens_1$ et $Sens_2$ par l'équation :

$$Sens = Sens_1 + \frac{T_{fusion} - T_1}{T_2 - T_1}(Sens_2 - Sens_1) \tag{42}$$

L'approximation de linéarité de la sensibilité entre les températures T_1 et T_2 est démontrée expérimentalement dans les chapitres V.1 et VII.3. Compte tenu du changement de capacité thermique massique du matériau en cours de la fusion (les capacités thermiques massiques des phases solide et liquide étant différentes), la ligne de base virtuelle entre les instants délimitant le début et la fin de la fusion (identifiés t_2 et t_3 sur la figure 29) ne peut pas être considérée comme une droite (contrairement au cas d'une dissipation par effet Joule).

89

Cette ligne de base virtuelle est construite en appliquant la procédure itérative suivante :

- Une première approximation de la ligne de base $S_0(t)$ est prise comme la droite de régression passant par les deux intervalles de temps $[t_1, t_2]$ et $[t_3, t_4]$ pris respectivement avant et après la fusion (cf. figure 29). Cette ligne de base est utilisée pour estimer le degré d'avancement de la réaction $\alpha(t)$ en tout instant t entre le début (t_2) et la fin (t_3) de la fusion à partir de l'équation (43).

$$\alpha(t) = \frac{\int_{t_2}^{t} (S(t) - S_0(t))dt}{\int_{t_2}^{t_3} (S(t) - S_0(t))dt} \tag{43}$$

Le dénominateur de l'expression (43) correspond à l'aire A_1 sous le pic.

- Une deuxième estimation de la ligne de base est ensuite construite en injectant la fonction décrivant le degré d'avancement en fonction du temps dans l'équation suivante :

$$S_0(t) = (1 - \alpha(t))S_{0i,extra}(t) + \alpha(t)S_{0f,extra}(t) \tag{44}$$

où $S_{0i,extra}(t)$ et $S_{0f,extra}(t)$ sont les équations des deux droites de régression déterminées avant et après la fusion respectivement sur les intervalles $[t_1, t_2]$ et $[t_3, t_4]$, et extrapolées sur le domaine temporel du pic de fusion $[t_2, t_3]$.

- La ligne de base ainsi construite est réinjectée dans les équations (43) et (44) pour construire une nouvelle ligne de base. Cette procédure itérative s'arrête lorsque la différence entre deux aires A_1 calculées pour deux itérations successives est inférieure à 0,01 %. Ce critère de convergence est généralement atteint dès la deuxième itération (cf. exemples présentés en Annexe 4).

L'influence du choix des bornes d'intégrations sur la valeur de l'enthalpie de fusion est présentée dans VI.2.2 relatif à l'évaluation des incertitudes de mesure.

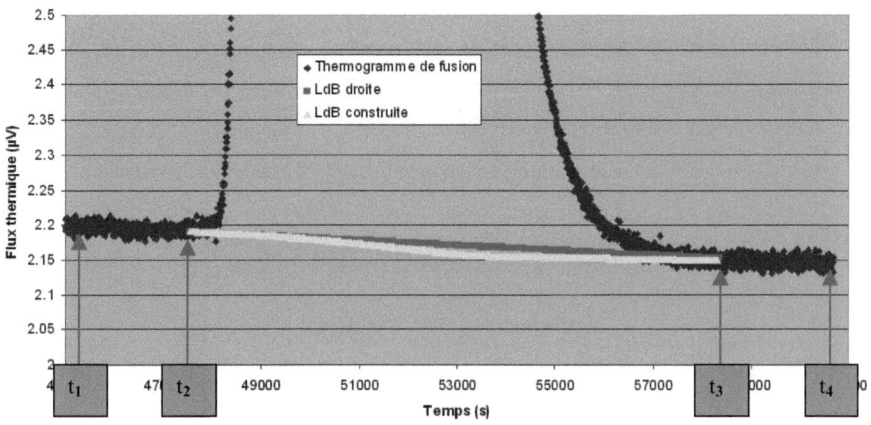

Figure 29 : Détermination de la ligne de base (LdB) d'un thermogramme de fusion.

Connaissant la masse de l'échantillon, mesurée avec un comparateur de masse (type AX1005 de Mettler Toledo) ayant une résolution de 0,01 mg, l'intégrale du pic de fusion (A_{fusion}) et la sensibilité *Sens* interpolée à la température de fusion, l'enthalpie de fusion est calculée par :

$$\Delta_{fus} H\left(J.g^{-1}\right) = \frac{1}{m} \cdot \frac{A_{fusion}}{Sens} \tag{45}$$

Une Macro a été développée sous Microsoft Excel pour faciliter le traitement des données brutes de mesure. L'interface de cette Macro est présentée sur la figure 30. Elle permet de sélectionner le fichier de données brutes (sous format .txt) et de tracer la force électromotrice délivrée en fonction du temps. Les bornes d'intégration (identifiées ici *x1, x2, x3, et x4*) des pics des étalonnages électriques et de fusion sont fixées par l'utilisateur. Un numéro est attribué manuellement à chaque thermogramme afin de distinguer un thermogramme d'un autre. Le bouton « Régression » permet de déterminer la droite passant par les ordonnées des points correspondants aux domaines temporels [t_1, t_2] et [t_3, t_4]. Cette droite est utilisée comme ligne de base initiale dans le premier calcul de l'aire A_{fusion} et du degré d'avancement $\alpha(t)$ (bouton : Intégration ldb droite).

Le bouton « Intégration ldb sigmoïde » permet de faire les calculs suivants :

- Calculer les pentes des deux lignes de base avant et après la fusion sur les intervalles $[t_1, t_2]$ et $[t_3, t_4]$,
- Calculer le degré d'avancement $\alpha(t)$ défini en (43),
- Calculer l'aire A_1 entre le thermogramme et la nouvelle ligne de base construite.

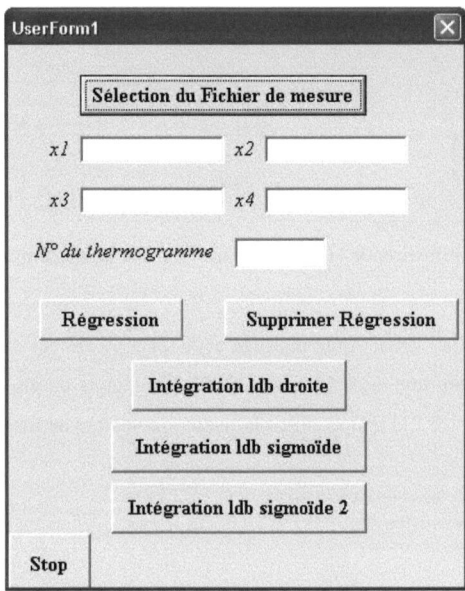

Figure 30 : L'interface de la Macro programmée sous Excel

Le bouton « Intégration ldb sigmoïde 2 » permet de faire les mêmes calculs que l'étape précédente sauf que le degré d'avancement est calculé par rapport à la deuxième ligne de base construite dans l'étape précédente.

Les donnés brutes peuvent également être traitées par le logiciel CALISTO fourni avec le calorimètre HT1000. Une comparaison des deux logiciels de traitement, avec les avantages et les inconvénients de chacun d'eux, est présentée en Annexe 3.

V. Caractérisation du calorimètre : Analyse des facteurs d'influence sur la mesure de l'enthalpie de fusion de l'étain

Dans ce chapitre, nous présenterons la détermination de la sensibilité du calorimètre autour du point de fusion de l'étain, réalisée à l'aide du système d'étalonnage in situ décrit précédemment. L'étude des facteurs d'influence sur la détermination de la sensibilité sera également détaillée. Cela concerne en particulier la linéarité et la symétrie des thermopiles, l'influence de la durée de dissipation de l'énergie, l'auto-échauffement des fils, les pertes thermiques et la position du creuset d'étalonnage dans la zone sensible du calorimètre.

V.1. Détermination de la sensibilité du calorimètre autour du point de fusion de l'étain.

La sensibilité des thermopiles a été déterminée avec le creuset instrumenté N° 2 sur lequel la résistance chauffante est bobinée sur les deux tiers de sa hauteur (cf. 17.b). Cette détermination a été réalisée suivant les deux modes de fonctionnement suivants :

- Mode isotherme : La température du bloc calorimétrique est stabilisée à une température proche (232,30 °C) de la température de fusion de l'étain, puis des dissipations d'énergie successives de 35 J sont réalisées en appliquant un courant électrique de 75 mA pendant 174 s dans le creuset d'étalonnage (cf. les trois premiers pics de la figure 31).

- Mode de balayage de température : La température du bloc calorimétrique suit une rampe croissante de 220 °C à 240 °C à une vitesse de balayage de 15 mK/min, pendant laquelle des dissipations électriques (similaires à celles réalisées en mode isotherme) sont effectuées à un intervalle de temps de 4 heures. (cf. les quatre derniers pics de la figure 31).

La figure 31 montre les déterminations de la sensibilité en énergie autour du point de fusion de l'étain (en l'absence d'échantillon) en mode isotherme et en mode par balayage.

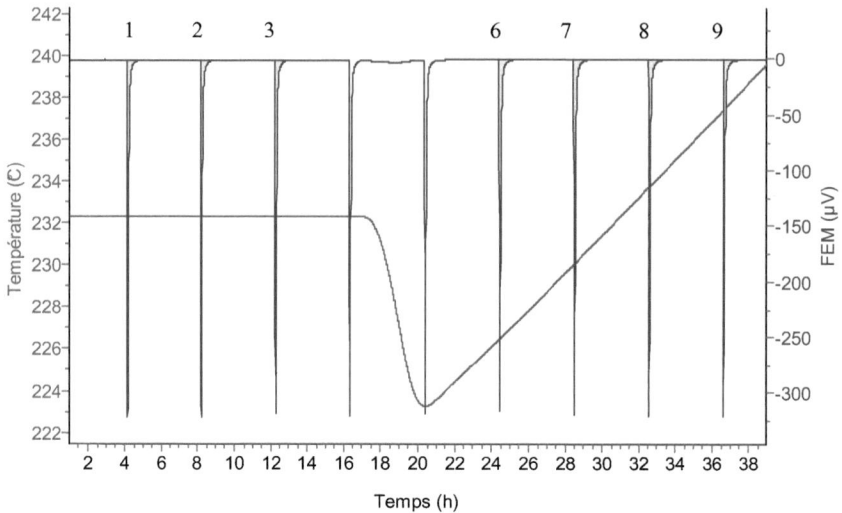

Figure 31: Détermination de la sensibilité des thermopiles autour du point de fusion d'étain en mode isotherme et en mode par balayage

Le tableau 6 montre les quantités d'énergies électriques dissipées par effet Joule et les sensibilités en énergie calculées à partir des aires des pics obtenus. Les températures indiquées dans ce tableau sont les températures « onset » des pics de dissipations.

Mode	N°. de Pic	$T(°C)$	$\overline{U_{chauf}}(V)$	$\overline{U_{ref}}(V)$	$E(J)$	Aire du pic ($\mu V.s$)	Sens ($\mu V.W^{-1}$)
Isotherme	*1*	232,30	2,755937	0,007455	35,7507	100244	2804,0
	2	232,30	2,753420	0,007448	35,6852	100070	2804,3
	3	232,29	2,749249	0,007436	35,5701	99768	2804,8
Rampe à 15 mK/min	*6*	226,41	2,747559	0,007434	35,5410	99549	2801,0
	7	230,01	2,749878	0,007439	35,5932	99742	2802,3
	8	233,69	2,750098	0,007437	35,5875	99775	2803,7
	9	237,38	2,749861	0,007434	35,5718	99819	2806,1

Tableau 6 : Etalonnage électrique autour du point de fusion de l'étain suivant les modes isotherme et balayage.

On remarque qu'il y a une équivalence à 0,07 % près entre les étalonnages en énergie réalisés suivant les deux modes, et que la sensibilité varie en fonction de la température (croissance d'environ 0,2 % entre 226,41 °C et 237,38 °C). La figure 32 montre que l'on peut assimiler la variation de la sensibilité en fonction de la température à une fonction linéaire sur cette gamme de température, ce qui n'est pas vrai sur toute la gamme de fonctionnement du calorimètre.

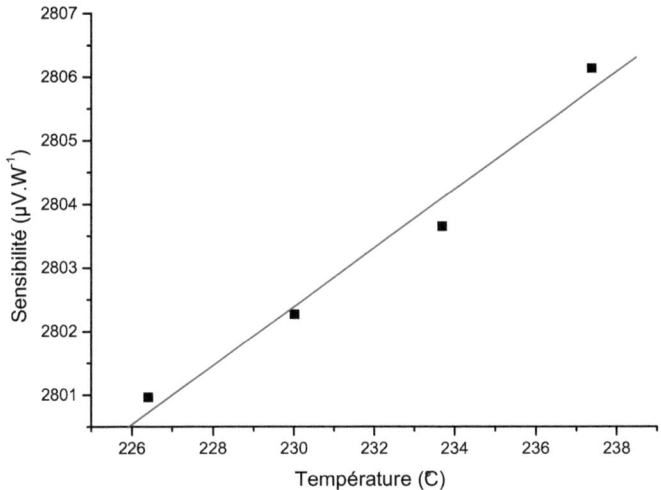

Figure 32: Sensibilité des thermopiles en fonction de la température autour du point de fusion de l'étain

V.2. Etude de la linéarité des thermopiles

Afin d'évaluer la variation de la sensibilité du calorimètre en fonction du niveau d'énergie mis en jeu, des mesures de sensibilité ont été réalisées à différents niveaux d'énergie en conservant à la fois la durée de dissipation de 174 s et la position du creuset, et en faisant varier l'intensité du courant électrique entre 50 et 200 mA. Le calorimètre étant stabilisé à une température de 232,30 °C légèrement supérieur à la température de fusion de l'étain (231,928 °C selon [Della Gatta et al., 2006]), différentes quantités d'énergie comprises entre 16 joules et 256 joules ont été dissipées. Le tableau 7 montre les sensibilités obtenues, qui correspondent à la moyenne de 3 sensibilités calculées pour3 dissipations réalisées à chaque niveau d'énergie (écart-type de répétabilité d'environ 0,05 %).

Valeur nominale du courant (mA)	Energie électrique dissipée (J)	Sensibilité des thermopiles ($\mu V \cdot W^{-1}$)
50	15,621	2805,1
75	35,584	2804,4
100	64,255	2803,0
150	143,97	2801,8
200	256,48	2802,7

Tableau 7 : Sensibilité des thermopiles en fonction de l'énergie électrique dissipée

Les résultats obtenus montrent l'indépendance de la sensibilité des thermopiles (écart relatif maximal de 0,1 %) par rapport au niveau d'énergie dissipée. On peut conclure que sur la gamme d'énergie comprise entre 16 joules et 256 joules, il n'y a pas d'écart de linéarité significatif en regard de la répétabilité sur les mesures effectuées.

V.3. Etude de l'influence de la durée de dissipation sur la détermination de la sensibilité

Le creuset d'étalonnage étant dans la même position que précédemment et la température du bloc calorimétrique étant stabilisée à 232,30 °C, une quantité d'énergie de 63 joules est dissipée dans le calorimètre pour différentes durées de dissipation, afin d'étudier l'influence de cette durée sur la sensibilité. Le tableau 8 montre les moyennes de 5 valeurs de la sensibilité calculées pour 5 dissipations consécutives pour chaque durée de dissipation (écart-type de répétabilité sur 5 mesures environ égale à 0,05 %).

Durée de dissipation (s)	Valeur nominale du courant (mA)	Energie électrique dissipée (J)	Sensibilité des thermopiles ($\mu V \cdot W^{-1}$)
43,00	200	63,370	2803,3
87,00	140	63,373	2801,8
130,00	115	63,881	2803,6
174,00	100	63,594	2801,6
348,00	70	62,672	2803,1

Tableau 8 : Sensibilité des thermopiles en fonction de la durée de dissipation d'énergie

Les résultats obtenus montrent l'indépendance de la sensibilité des thermopiles par rapport à la durée de dissipation (écart relatif maximal de 0,07 %). On peut conclure qu'il n'y a pas d'écart significatif de la sensibilité dû à la durée de la dissipation de l'énergie électrique en regard de la répétabilité sur les mesures effectuées.

V.4. Influence de la position du creuset d'étalonnage dans la zone sensible du calorimètre

D'une expérience à l'autre, la position du creuset d'étalonnage contenant l'échantillon à étudier n'est pas toujours exactement la même dans la zone sensible de la thermopile. Par ailleurs, la position de l'échantillon peut elle-même varier à l'intérieur du creuset d'étalonnage. Pour étudier l'influence de la position du creuset d'étalonnage dans la zone sensible des thermopiles, un échantillon d'étain de 0,37717 g a été placé dans le creuset d'étalonnage et des mesures d'enthalpie de fusion suivant la méthode décrite au chapitre IV.8. ont été effectuées pour différentes positions.

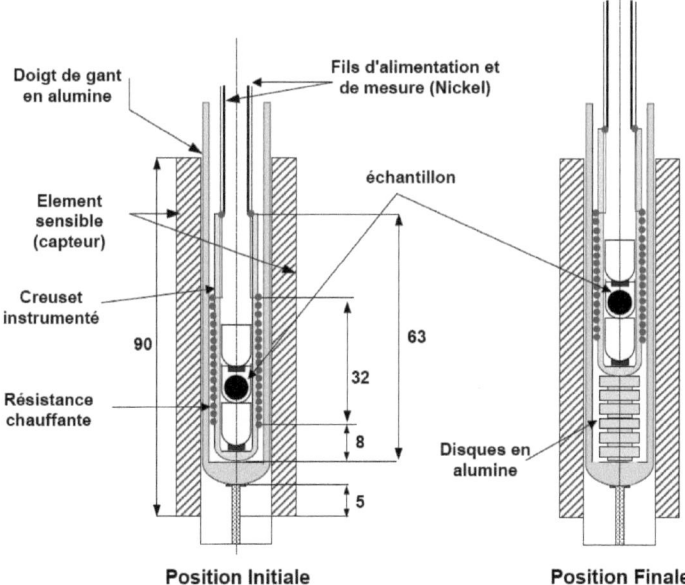

Figure 33 : Etude de l'influence de la position du creuset d'étalonnage dans la zone sensible (dimensions en mm)

Le déplacement vertical du creuset d'étalonnage par rapport à sa position initiale est effectué en superposant des disques en alumine de 3 mm d'épaisseur sous ledit creuset, l'échantillon gardant la même position relative dans le creuset. Une représentation des positions initiales et finales est montrée en figure 33.

Le tableau 9 présente la sensibilité des thermopiles à 226 °C et 236 °C pour différentes altitudes du creuset dans le calorimètre. La première colonne donne l'épaisseur des disques, la deuxième colonne indique les températures auxquelles sont effectués les étalonnages électriques pendant une programmation linéaire de la température du calorimètre avec une rampe de 15 mK·min^{-1}. Les colonnes 3 et 4 contiennent les valeurs des énergies électriques dissipées et des sensibilités des thermopiles. Le tableau 10 présente les résultats de mesure de l'enthalpie de fusion de l'étain en fonction de la position du creuset. Il donne la température de fusion mesurée par le thermocouple, la sensibilité interpolée à cette température, l'aire du pic de fusion et l'enthalpie de fusion.

Position (mm)	Température (°C)	Énergie électrique dissipée (J)	*Sensibilité* ($\mu V \cdot W^{-1}$)
0	226,00	21,727	2800,6
	235,98	21,742	2803,0
6	226,24	21,856	2779,5
	235,76	21,861	2781,0
12	226,67	21,829	2733,4
	236,03	21,856	2739,6
18	226,29	21,844	2676,0
	235,89	21,865	2678,2

Tableau 9 : Sensibilité des thermopiles en fonction de la position du creuset d'étalonnage

Position (mm)	T_{fusion} (°C)	*Sens* ($\mu V \cdot W^{-1}$)	A_{fusion} ($\mu V.s$)	Enthalpie de fusion ($J.g^{-1}$)
0	231,36	2802,2	63693	60,26
6	231,37	2780,3	63765	60,81
12	231,44	2736,5	63072	61,11
18	231,38	2677,2	62167	61,57

Tableau 10 : Enthalpie de fusion déterminée à chaque position du creuset d'étalonnage

On observe que la sensibilité des thermopiles diminue en fonction de l'altitude du creuset d'étalonnage dans le calorimètre, ce qui indique qu'il y a une partie de l'énergie électrique dissipée par le système d'étalonnage qui n'est plus détectée par la thermopile. Les sensibilités calculées à la température de fusion mesurée (onset du thermogramme de fusion) sont représentées sur la figure 34. La position la plus favorable, qui assure le maximum de sensibilité, étant la première position où le creuset d'étalonnage est au fond du tube en alumine.

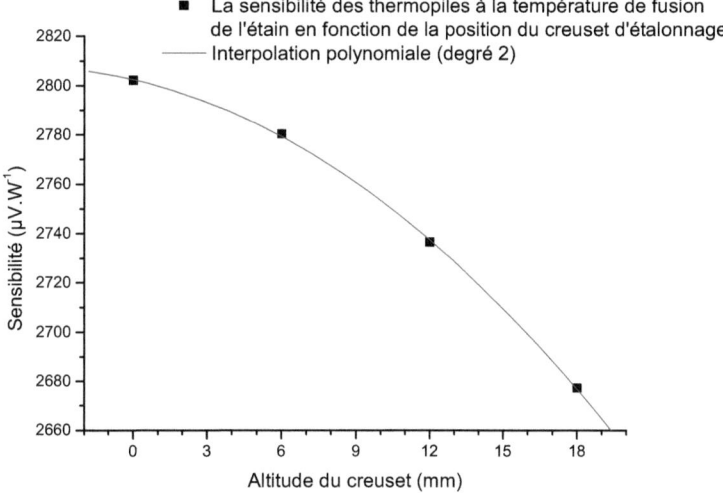

Figure 34 : Variation de la sensibilité en fonction de la position dans la zone sensible

V.5. Influence de la position de l'échantillon dans le creuset

Une étude de l'influence de la position relative de l'échantillon dans le creuset d'étalonnage a également été effectuée. 5 creusets en quarts ont été utilisés pour chaque mesure, 4 d'entre eux servent à positionner le creuset contenant un échantillon d'étain de 0,46362 g dans le creuset d'étalonnage. Les différentes configurations sont schématisées sur la figure 35. Pour chaque position, une rampe de température de 218 à 240 °C a été programmée à 15 mK.min[-1], et la sensibilité de la thermopile à la température de fusion est estimée avec une interpolation linéaire des deux sensibilités avant et après la fusion. Pour chaque position, le système d'étalonnage est retiré puis replacé de nouveau dans le calorimètre. Les résultats de mesures sont représentés dans le tableau 11.

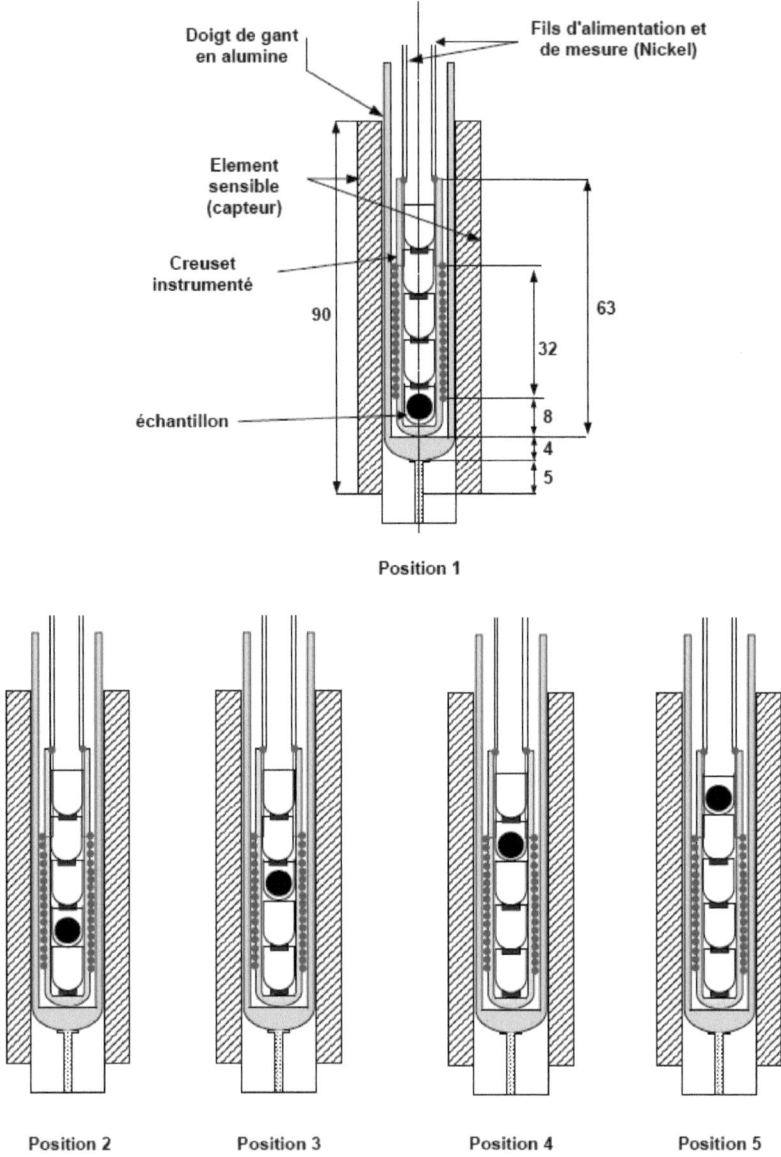

Figure 35 : Positions possibles de l'échantillon d'étain dans le creuset d'étalonnage
(dimensions données en mm)

Position de l'échantillon d'étain	T_{fusion} (°C)	Sens (μV.W^{-1})	A_{fusion} (μV.s)	Enthalpie de fusion (J.g^{-1})
1	231,29	2790	77798	60,15
2	231,34	2791	77947	60,24
3	231,53	2791	77941	60,24
4	231,43	2790	77362	59,80
5	231,50	2792	75817	58,56

Tableau 11 : Influence de la position de l'échantillon dans le creuset d'étalonnage

D'après le tableau précédent, on remarque que les expériences réalisées pour les trois premières positions de l'échantillon dans le creuset d'étalonnage conduisent à un écart type inférieur à 0,05 % sur les enthalpies de fusion mesurées. Cela valide le fait de positionner de l'échantillon à étudier dans la zone de bobinage de la résistance chauffante, afin de réaliser les mesures d'enthalpie de fusion dans la même zone des thermopiles que celle sollicitée lors de d'étalonnage. Dans la suite de nos travaux, l'échantillon sera systématiquement localisé dans la position 2.

V.6. Influence de l'auto-échauffement des fils électriques

Le courant électrique qui sert à dissiper l'énergie par effet Joule dans la résistance chauffante peut aussi générer par le même effet une quantité de chaleur dans les fils d'alimentation de diamètre 0,4 mm. La résistivité du fil de nickel est 16 fois plus faible que la résistivité du fil chauffant à la même température (0,069x10^{-6} Ω.m) et la section du fil d'alimentation est 2,56 fois plus grande. Donc pour une longueur donnée, la résistance électrique du fil chauffant est plus de 40 fois plus grande que la résistance électrique du fil d'alimentation, sachant que la partie du fil d'alimentation potentiellement « vue » par les thermopiles est négligeable (de l'ordre de 20 mm) devant la longueur de la résistance bobinée autour du creuset instrumenté pour former la résistance chauffante (de l'ordre de 1500 mm).

Lors de l'étude de la linéarité des thermopiles (chapitre V.2.), nous avons montré que leur sensibilité ne dépendait pas du courant électrique injecté dans la résistance chauffante via les fils d'alimentation de 0,4 mm de diamètre. Ceci démontre indirectement que l'auto-échauffement des fils d'alimentation n'a pas d'influence significative.

Une étude complémentaire visant à confirmer cette dernière conclusion a été réalisée en déterminant la sensibilité de la thermopile pour deux différents diamètres des fils d'alimentation. Afin de favoriser l'auto-échauffement, ces fils d'alimentation (dont le diamètre est initialement de 0,4 mm) ont été remplacés par des fils identiques à ceux utilisés pour la mesure de la tension aux bornes de la résistance chauffante (diamètre de 0,25 mm).

Dans cette série d'expériences, le calorimètre est stabilisé à une température de 232,20 °C légèrement supérieur à la température de fusion de l'étain (231,928 °C selon [Della Gatta et al., 2006]), puis trois séries de cinq dissipations d'une durée de 174 s, et d'énergie comprise entre 17 J et 71 J sont réalisées en faisant varier le courant électrique de 52 mA à 104 mA. Les tableaux 12 et 13 présentent les moyennes des 5 valeurs de sensibilité obtenues pour chaque niveau d'énergie, respectivement avec les fils d'alimentation de diamètre 0,4 mm et 0, 25 mm.

Valeur nominale du courant (mA)	Energie électrique dissipée (J)	Sensibilité des thermopiles ($\mu V \cdot W^{-1}$)	Ecart type de la sensibilité ($\mu V \cdot W^{-1}$)
52	17,5106	2777,9	0,8
74	35,3422	2777,1	0,5
104	71,0916	2778,4	0,4

Tableau 12 : Sensibilité des thermopiles déterminée avec des fils d'alimentation de diam. 0,4 mm

Valeur nominale du courant (mA)	Energie électrique dissipée (J)	Sensibilité des thermopiles ($\mu V \cdot W^{-1}$)	Ecart type de la sensibilité ($\mu V \cdot W^{-1}$)
52	17,5226	2778,4	1,3
74	35,3081	2779,2	0,7
104	71,0721	2784,9	0,6

Tableau 13 : Sensibilité des thermopiles déterminée avec des fils d'alimentation de diam. 0,25 mm

La comparaison des deux tableaux 12 et 13 montre une très légère augmentation de la sensibilité (de 0,5 $\mu V \cdot W^{-1}$ pour un courant de 52 mA à 6,5 $\mu V \cdot W^{-1}$ pour 104 mA) lorsque le diamètre des fils d'alimentation passe de 0,4 mm à 0,25 mm. Cette augmentation est probablement imputable à une détection de l'auto-échauffement de la partie des fils d'alimentation de diamètre 0,25 mm immergée dans la zone sensible du calorimètre.

Cependant d'après les résultats du tableau 12, l'influence de l'auto-échauffement peut être négligée pour les fils d'alimentation de 0,4 mm de diamètre, car la variation de sensibilité observée lorsque l'intensité du courant passe de 52 mA à 104 mA est du même ordre de grandeur que l'écart-type obtenu sur 5 mesures consécutives.

V.7. Évaluation des pertes thermiques lors de la mesure

L'étude de l'influence des pertes thermiques par les fils de mesure et d'alimentation du creuset d'étalonnage sur la mesure de l'enthalpie de fusion a été réalisée en augmentant artificiellement ces pertes. Pour cela, un tube d'inox de 710 mm de long a été introduit dans le calorimètre et mis en contact à l'une de ces extrémités avec l'introducteur régulé à 23 °C, et à l'autre avec la partie supérieure du creuset d'étalonnage contenant l'échantillon d'étain.

Les tableaux 14 et 15 présentent les résultats obtenus (sensibilité des thermopiles et enthalpie de fusion de l'étain) dans les mêmes conditions expérimentales (vitesse de chauffe de 15 $mK.min^{-1}$) avec et sans la présence du tube métallique lors d'une fusion d'un échantillon de 304,83 mg d'étain.

Température (°C)	Énergie électrique dissipée (J)	Aire du pic d'étalonnage électrique ($\mu V.s$)	Sensibilité ($\mu V \cdot W^{-1}$)	Aire du pic de fusion ($\mu V.s$)	Enthalpie de fusion ($J.g^{-1}$)	Offset de la ligne de base
226,32	19,1976	53024	2762,0			
231,36			2766,1	50800	60,25	0 μV
236,00	19,2505	53329	2770,3			

Tableau 14 : La détermination de l'enthalpie de fusion d'étain sans tube métallique

Température (°C)	Énergie électrique dissipée (J)	Aire du pic d'étalonnage électrique (µV.s)	Sensibilité (µV.W⁻¹)	Aire du pic de fusion (µV.s)	Enthalpie de fusion (J.g⁻¹)	Offset de la ligne de base
226,39	19,2445	52963	2752,1			
231,36			2752,6	50574	60,27	10 µV
236,19	19,2685	53047	2753,0			

Tableau 15 : La détermination de l'enthalpie de fusion d'étain avec un tube métallique

Il apparaît qu'en favorisant les pertes thermiques par conduction, les aires des pics de fusion diminuent (de 0,5 % passant de 50800 µV.s à 50574 µV.s) dans les mêmes proportions que la sensibilité en énergie (de 2766,1 µV.W⁻¹ à 2752,6 µV.W⁻¹), et que grâce à la procédure de mesure utilisée il n'y a pas d'impact significatif sur la valeur de l'enthalpie de fusion de l'étain (augmentation de 0,03 %).

D'autres mesures d'enthalpie de fusion de l'étain ont été effectuées en modifiant le débit du gaz de balayage utilisé (Argon) dans les deux cellules sans observer d'influence significative sur la mesure de l'enthalpie de fusion.

On peut en déduire que dans la méthode retenue, l'augmentation des pertes thermiques (que se soit par l'insertion d'un tube métallique, ou bien par une variation du débit du gaz de balayage dans les deux cellules) fait varier de façon identique la sensibilité en énergie et l'aire du pic de fusion. Ce qui confirme encore une fois la nécessité d'effectuer les mesures et les étalonnages dans les mêmes conditions.

L'influence de la nature du gaz de balayage sur la mesure de l'enthalpie de fusion n'a pas été étudiée. Cependant si la contribution du gaz de balayage à l'échange de chaleur entre l'échantillon et la thermopile reste la même pendant les deux phases d'étalonnage et de mesure, alors son influence sera compensée.

La figure 36 montre la corrélation entre la sensibilité et l'aire du pic de fusion d'un même échantillon d'étain de masse 305 mg lorsque les pertes thermiques sont modifiées que ce soit par l'introduction d'un tube métallique ou par le changement du débit du gaz de balayage.

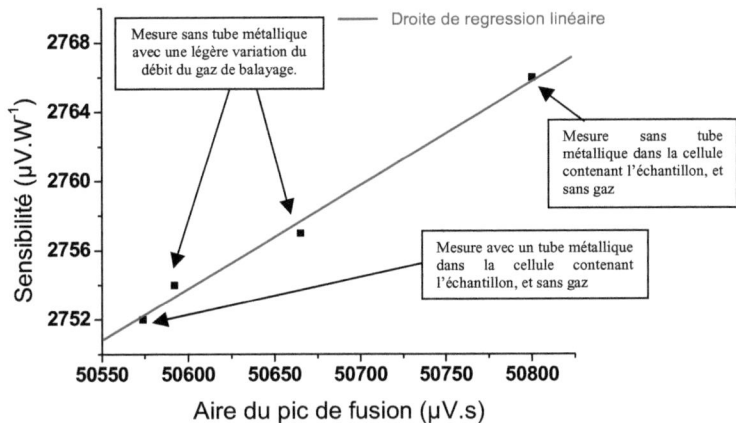

Figure 36 : Influence des pertes thermiques sur la sensibilité et l'aire du pic de fusion

V.8. Etude de la symétrie du calorimètre

L'une des hypothèses principales de la méthode de mesure développée dans cette thèse est qu'à une température donnée les aires des thermogrammes délivrés par les thermopiles sont proportionnelles à l'énergie mise en jeu par le phénomène thermique étudié. Lors d'un étalonnage électrique par effet joule, la sensibilité des thermopiles est déterminée au cours d'un phénomène exothermique. Elle est ensuite utilisée pour mesurer une enthalpie de fusion qui est une réaction endothermique. Il faut donc vérifier que la même sensibilité des thermopiles peut s'appliquer indifféremment à des phénomènes endothermiques (fusion) ou exothermiques (étalonnage électrique par effet joule).

Pour cela, un échantillon d'étain a été introduit dans le creuset d'étalonnage et placé dans la cellule de droite du calorimètre, puis une série de cinq mesures d'enthalpie de fusion a été effectuée conformément à la méthode de mesure présentée au chapitre IV.8. Une deuxième série de cinq mesures a ensuite été conduite en plaçant le même échantillon d'étain avec son creuset d'étalonnage électrique dans la cellule de gauche.

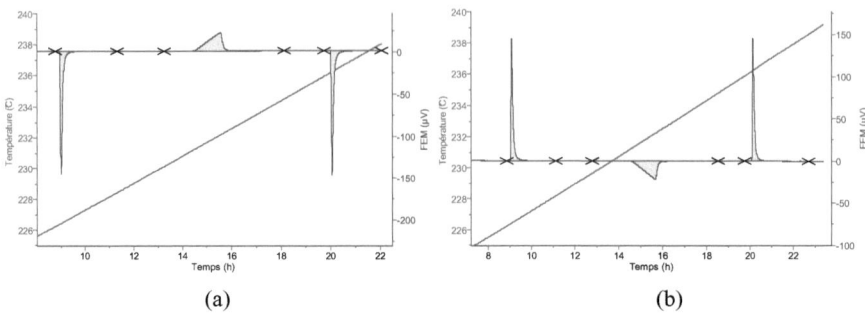

(a)   (b)

Figure 37 : Fusion d'un même échantillon d'étain dans les deux cellules

Les figures 37.a et 37.b présentent les thermogrammes obtenus respectivement lorsque l'échantillon est placé dans la cellule de droite puis dans celle de gauche, Les thermopiles étant montées en opposition, un phénomène exothermique se traduira par une déviation du signal dans le sens négatif lorsque l'échantillon est positionné dans la cellule de droite et par une déviation dans le sens positif lorsqu'il est situé à gauche. Naturellement, le comportement inverse se produit pour les phénomènes endothermiques,

Les tableaux 16 et 17 ainsi que la figure 38 donnent une synthèse de ces mesures. Bien que les phénomènes thermiques étudiés soient mesurés dans l'une puis l'autre des cellules, et qu'en conséquence le sens des endothermes et exothermes soit inversé entre les deux séries de mesures (cf, figure 38), les résultats obtenus montrent la symétrie des thermopiles,

Essai	T_{fusion} (°C)	A_{fusion} (µV·s)	*Sens* (µV·W^{-1})	$\Delta_{fus}H$ (J·g^{-1})
1	231,32	51067	2781,6	60,23
2	231,34	51006	2778,4	60,23
3	231,29	51147	2785,0	60,25
4	231,36	50810	2766,1	60,26
5	231,41	51240	2791,6	60,21
Moyenne	**231,34**	**51054**	**2780,5**	**60,23**
Écart type (%)	**0,02**	**0,32**	**0,34**	**0,03**
Étendue (%)	**0,05**	**0,84**	**0,92**	**0,08**

Tableau 16 : Détermination de l'enthalpie de fusion de l'étain avec l'échantillon positionné dans la cellule de droite du calorimètre

Essai	T_{fusion} (°C)	A_{fusion} (μV·s)	Sens (μV·W^{-1})	$\Delta_{fus}H$ (J·g^{-1})
1	231,30	51063	2778,7	60,28
2	231,32	51010	2779,3	60,21
3	231,33	51000	2779,0	60,20
4	231,29	51030	2778,5	60,25
5	231,30	51102	2782,9	60,24
Moyenne	231,31	51041	2779,7	60,24
Écart type (%)	0,01	0,08	0,07	0,05
Étendue (%)	0,02	0,20	0,16	0,13

Tableau 17 : Détermination de l'enthalpie de fusion de l'étain avec l'échantillon positionné dans la cellule de gauche du calorimètre

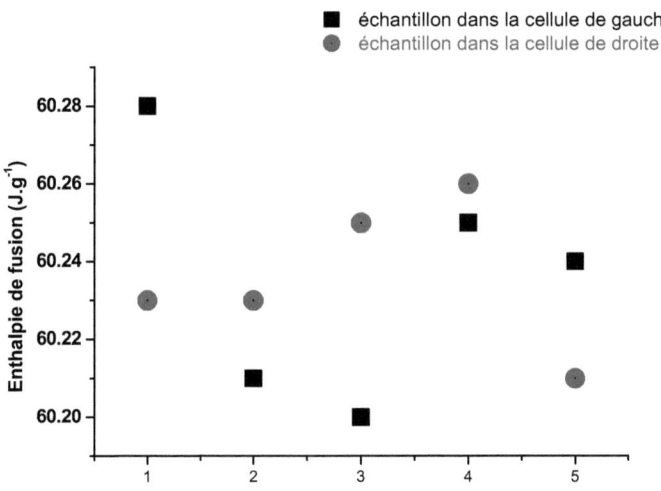

Figure 38 : Enthalpie de fusion d'un même échantillon d'étain dans les deux cellules

Conclusion

Dans cette deuxième partie nous avons détaillé la mise au point du moyen d'étalonnage par substitution électrique, et nous avons étudié la linéarité des thermopiles ainsi que les facteurs d'influence sur la détermination de la sensibilité du calorimètre au point de fusion de l'étain.

Il a été démontré qu'à l'exception de la position de l'échantillon dans le creuset d'étalonnage les autres facteurs potentiels d'influence (pertes thermiques, symétrie des thermopiles, auto-échauffement des fils d'alimentation du système d'étalonnage électrique…) n'ont pas d'impact significatif sur la mesure de l'enthalpie de fusion lorsque la méthode de mesure proposée ici est appliquée.

Troisième partie :
Mesure de l'enthalpie de fusion et budget d'incertitudes

Introduction

Dans cette partie, nous décrivons en détail l'estimation des incertitudes des mesures d'enthalpie de fusion, effectuées en appliquant la méthodologie développée dans le cadre de cette thèse. Nous présentons ensuite les résultats de mesure d'enthalpie de fusion obtenus pour des températures relativement basse du domaine de fonctionnement du calorimètre sur des échantillons d'étain 5N et d'indium 5N et 6N, puis au-delà de 600 °C avec des échantillons d'un alliage eutectique binaire Ag-28Cu et d'argent 5N. Un budget d'incertitudes de mesure est proposé pour chaque matériau, avec un processus d'estimation conduisant à une valeur maximisée de l'incertitude de mesure.

VI. Evaluation des incertitudes de mesure de l'enthalpie de fusion

La méthode de référence pour évaluer l'incertitude de mesure est décrite dans le GUM « *Guide to the expression of uncertainty in measurement* » [ISO IEC Guide 98-3, 2008]. Elle repose sur une approximation linéaire du modèle de mesure souvent satisfaisante dans les plages d'incertitude des grandeurs d'entrée, suivie d'une propagation des variances. Afin de pouvoir évaluer l'incertitude composée sur la détermination de l'enthalpie de fusion, il est nécessaire d'estimer les incertitudes de mesure de toutes les grandeurs (masse, tension, température…) intervenant dans son calcul, en prenant en compte la contribution des facteurs d'influence et des effets parasites tels que par exemple le bruit de mesure, les pertes thermiques et l'auto-échauffement des fils d'alimentation lors de l'étalonnage électrique.

L'incertitude composée sur la détermination de l'enthalpie de fusion est ensuite évaluée à partir des incertitudes types des différents paramètres mesurés en appliquant la loi de propagation des incertitudes décrites dans le GUM.

VI.1. Loi de propagation des incertitudes

La loi de propagation des incertitudes permet de calculer une approximation de la variance d'une variable aléatoire, grandeur de sortie, donnée en fonction de la variance des variables aléatoires, donnés d'entrées, dont elle dépend.

Le modèle de calcul représentant le processus de mesure peut généralement s'écrire sous la forme générale d'une fonction liant la grandeur de sortie Y aux variables d'entrées X_i.

$$Y = f(X_1, X_2, ..., X_N)$$ (46)

L'application de la loi de propagation des incertitudes sur l'expression (46) conduit à la formule suivante:

$$u_c(y) = \sqrt{\sum_{i=1}^{N} \left(\frac{\partial f}{\partial x_i}\right)^2 u^2(x_i) + 2\sum_{i=1}^{N-1}\sum_{j=i+1}^{N} \frac{\partial f}{\partial x_i}\frac{\partial f}{\partial x_j} u(x_i, x_j)}$$ (47)

$u_c(y)$ est l'incertitude type composée de l'estimation y de la grandeur de sortie Y. Les termes $u(x_i)$ sont les incertitudes-type associées à chacune des variables x_i qui sont des estimations des grandeurs d'entrées X_i. $u(x_i, x_j)$ est l'estimation de la covariance entre les variables x_i et x_j donnée par

$$u(x_i, x_j) = r(x_i, x_j).u(x_i).u(x_j)$$ (48)

où $r(x_i, x_j)$ est le coefficient de corrélation entre x_i et x_j, qui est un nombre compris entre -1 et 1. Le coefficient de sensibilité associé à chaque variable x_i du modèle, $\left(\dfrac{\partial f}{\partial x_i}\right)$, permet de pondérer l'influence de chaque incertitude-type en fonction du poids de la variable dans le processus de mesure.

VI.2. Application de la loi de propagation des incertitudes dans le cas de la mesure d'enthalpie de fusion

D'après l'équation 45, l'enthalpie de fusion $\Delta_{fus}H\left(J.g^{-1}\right)$ est une fonction de la masse m de l'échantillon, de l'aire A_{fusion} du thermogramme de fusion et de la sensibilité $Sens$ des thermopiles à la température de fusion T_{fusion}.

$$\Delta_{fus}H\left(J.g^{-1}\right) = f(m, A_{fusion}, Sens)$$

La sensibilité $Sens$ s'exprime comme une fonction des sensibilités $Sens_1$ et $Sens_2$ déterminées par étalonnage par effet joule aux températures T_1 et T_2 encadrant la température de fusion.

$$Sens = f_1(Sens_1, Sens_2, T_1, T_2, T_{fusion})$$

où $\quad Sens_1 = f_2(E_1, A_1)$, avec $E_1 = f_3(\overline{U_{chauf_1}}, \overline{U_{ref_1}}, R_s, t_{dis})$

et $\quad Sens_2 = f_4(E_2, A_2)$, avec $E_2 = f_5(\overline{U_{chauf_2}}, \overline{U_{ref_2}}, R_s, t_{dis})$

On traite ici le cas où la température mesurée pour la fusion est la moyenne des deux températures T_1 et T_2. Le cas général où la sensibilité à la température de fusion est interpolée linéairement par les deux sensibilités déterminées avant et après la fusion sera discuté dans un second temps.

En considérant que la température de fusion est centrée par rapport aux deux températures T_1 et T_2, l'expression (45) devient :

$$\Delta_{fus} H(J.g^{-1}) = \frac{2}{m} \cdot \frac{A_{fusion}}{\dfrac{A_1}{E_1} + \dfrac{A_2}{E_2}} \qquad (49)$$

En considérant que les causes d'erreurs sur la mesure de la masse sont indépendantes de celles des autres variables de l'expression (49), et que les causes d'erreurs sur les mesures des énergies sont indépendantes de celles des aires des pics de fusion et d'étalonnage, la loi de la propagation des incertitudes donne :

$$
\begin{aligned}
u_c^2(\Delta_{fus} H) = & \left(\frac{\partial \Delta_{fus} H}{\partial m}\right)^2 \cdot u_c^2(m) + \left(\frac{\partial \Delta_{fus} H}{\partial A_{fusion}}\right)^2 \cdot u_{tot}^2(A_{fusion}) + \left(\frac{\partial \Delta_{fus} H}{\partial A_1}\right)^2 \cdot u_{tot}^2(A_1) + \left(\frac{\partial \Delta_{fus} H}{\partial A_2}\right)^2 \cdot u_{tot}^2(A_2) \\
& + \left(\frac{\partial \Delta_{fus} H}{\partial E_1}\right)^2 \cdot u_c^2(E_1) + \left(\frac{\partial \Delta_{fus} H}{\partial E_2}\right)^2 \cdot u_c^2(E_2) \\
& + 2 \cdot \left(\frac{\partial \Delta_{fus} H}{\partial A_{fusion}}\right) \cdot \left(\frac{\partial \Delta_{fus} H}{\partial A_1}\right) \cdot u(A_{fusion}, A_1) \\
& + 2 \cdot \left(\frac{\partial \Delta_{fus} H}{\partial A_{fusion}}\right) \cdot \left(\frac{\partial \Delta_{fus} H}{\partial A_2}\right) \cdot u(A_{fusion}, A_2) \\
& + 2 \cdot \left(\frac{\partial \Delta_{fus} H}{\partial A_1}\right) \cdot \left(\frac{\partial \Delta_{fus} H}{\partial A_2}\right) \cdot u(A_1, A_2) \\
& + 2 \cdot \left(\frac{\partial \Delta_{fus} H}{\partial E_1}\right) \cdot \left(\frac{\partial \Delta_{fus} H}{\partial E_2}\right) \cdot u(E_1, E_2)
\end{aligned} \qquad (50)
$$

En injectant les expressions des dérivées partielles dans l'équation (50), on obtient :

$$
\begin{aligned}
u_c^2(\Delta_{fus}H) =& \left(\frac{-2}{m^2} \cdot \frac{A_{fusion}}{\frac{A_1}{E_1}+\frac{A_2}{E_2}} \right)^2 \cdot u_c^2(m) + \left(\frac{2}{m} \cdot \frac{1}{\frac{A_1}{E_1}+\frac{A_2}{E_2}} \right)^2 \cdot u_{tot}^2(A_{fusion}) + \left(\frac{2}{m} \cdot \frac{-\dfrac{A_{fusion}}{E_1}}{\left(\frac{A_1}{E_1}+\frac{A_2}{E_2}\right)^2} \right)^2 \cdot u_{tot}^2(A_1) \\
&+ \left(\frac{2}{m} \cdot \frac{-\dfrac{A_{fusion}}{E_2}}{\left(\frac{A_1}{E_1}+\frac{A_2}{E_2}\right)^2} \right)^2 \cdot u_{tot}^2(A_2) + \left(\frac{2}{m} \cdot \frac{\dfrac{A_{fusion}\cdot A_1}{E_1^2}}{\left(\frac{A_1}{E_1}+\frac{A_2}{E_2}\right)^2} \right)^2 \cdot u_c^2(E_1) + \left(\frac{2}{m} \cdot \frac{\dfrac{A_{fusion}\cdot A_2}{E_2^2}}{\left(\frac{A_1}{E_1}+\frac{A_2}{E_2}\right)^2} \right)^2 \cdot u_c^2(E_2) \\
&+ 2 \cdot \left(\frac{2}{m} \cdot \frac{1}{\frac{A_1}{E_1}+\frac{A_2}{E_2}} \right) \cdot \left(\frac{2}{m} \cdot \frac{-\dfrac{A_{fusion}}{E_1}}{\left(\frac{A_1}{E_1}+\frac{A_2}{E_2}\right)^2} \right) \cdot u(A_{fusion},A_1) \\
&+ 2 \cdot \left(\frac{2}{m} \cdot \frac{1}{\frac{A_1}{E_1}+\frac{A_2}{E_2}} \right) \cdot \left(\frac{2}{m} \cdot \frac{-\dfrac{A_{fusion}}{E_2}}{\left(\frac{A_1}{E_1}+\frac{A_2}{E_2}\right)^2} \right) \cdot u(A_{fusion},A_2) \\
&+ 2 \cdot \left(\frac{2}{m} \cdot \frac{-\dfrac{A_{fusion}}{E_1}}{\left(\frac{A_1}{E_1}+\frac{A_2}{E_2}\right)^2} \right) \cdot \left(\frac{2}{m} \cdot \frac{-\dfrac{A_{fusion}}{E_2}}{\left(\frac{A_1}{E_1}+\frac{A_2}{E_2}\right)^2} \right) \cdot u(A_1,A_2) \\
&+ 2 \cdot \left(\frac{2}{m} \cdot \frac{\dfrac{A_{fusion}\cdot A_1}{E_1^2}}{\left(\frac{A_1}{E_1}+\frac{A_2}{E_2}\right)^2} \right) \cdot \left(\frac{2}{m} \cdot \frac{\dfrac{A_{fusion}\cdot A_2}{E_2^2}}{\left(\frac{A_1}{E_1}+\frac{A_2}{E_2}\right)^2} \right) \cdot u(E_1,E_2)
\end{aligned}
\tag{51}
$$

La détermination des incertitudes type de chaque variable est présentée par la suite dans l'ordre d'apparition dans l'équation précédente.

VI.2.1 Incertitude de mesure de la masse m de l'échantillon

La masse m de l'échantillon est mesurée par un comparateur de masse de type AX1005 fabriqué par Mettler Toledo. L'incertitude sur la masse m résulte de la combinaison des incertitudes suivantes :

- Incertitude due à la résolution de la balance égale à *0,01 mg*,
- Incertitude sur la linéarité de la balance de *0,12 mg*,
- Incertitude due à l'étalonnage de la balance.

La résolution du comparateur est de 0,01 mg. Nous associons à cette valeur une loi de distribution uniforme (de largeur 0,01 mg) pour en déduire la valeur de l'incertitude :

$$u_r(m) = \frac{0,01}{2\sqrt{3}} = 0,0029 \ mg$$

La linéarité est de ±0,12 mg. Nous associons à cette valeur une loi de distribution uniforme (de demi-largeur de 0,12 mg) pour en déduire la valeur d'incertitude :

$$u_l(m) = \frac{0,12}{\sqrt{3}} = 0,0693 \ mg$$

L'étalonnage de la balance est effectué avec une masse étalonnée de 500,0118 mg. Le certificat d'étalonnage de cette masse indique une incertitude élargie (k=2) de 0,008 mg. En faisant une série de 5 comparaisons entre l'indication de la balance et la valeur conventionnellement vraie de cette masse, on détermine un écart type de repetabilité égal à 0,02 mg. Nous n'avons pas appliqué la correction entre la valeur lue et la valeur vraie. Cette correction a été incluse dans l'incertitude d'étalonnage. L'incertitude d'étalonnage de la balance est égale à 0,06 mg d'où :

$$u_e(m) = 0,06 \ mg$$

La contribution de ces sources d'incertitude sur la mesure de la masse de l'échantillon est

$$u_B(m) = \sqrt{u_r^2(m) + u_l^2(m) + u_e^2(m)} = 0,10 \ mg$$

L'écart type de répétabilité $u_A(m)$ d'une série de 10 mesures indépendantes d'une masse de 305,06 mg d'étain a été déterminé expérimentalement égal à 0,07 mg .

D'où l'incertitude type composé sur la masse de l'échantillon $u_c(m) = \sqrt{u_B^2(m) + u_A^2(m)}$ est de 0,12 mg.

VI.2.2. Incertitude sur la détermination des aires A_1, A_2, A_{fusion}

A_1, A_2 et A_{fusion} sont les aires des pics induits par les deux étalonnages électriques et la fusion du matériau étudié. Ces aires sont calculées numériquement par la méthode des trapèzes. Pour une surface élémentaire δA_i représentée par la surface hachurée dans la figure 39, la méthode de trapèze pour le calcul de cette surface est donnée par l'équation (52).

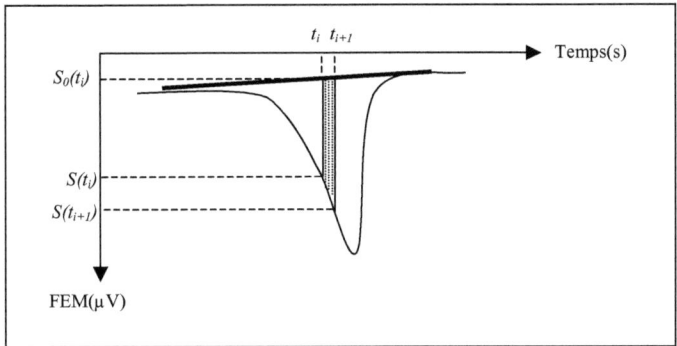

Figure 39 : Surface élémentaire

$$\delta A_i = [S(t_{i+1}) - S_0(t_{i+1}) + S(t_i) - S_0(t_i)] \cdot \frac{(t_{i+1} - t_i)}{2} \tag{52}$$

Où $S(t)$ est la force électromotrice délivrée à l'instant t par les deux thermopiles montées en opposition, et $S_0(t)$ est la ligne de base virtuelle au même instant t (déterminée suivant la méthode décrite au chapitre IV.8.

En notant $L = S(t_{i+1}) - S_0(t_{i+1}) + S(t_i) - S_0(t_i)$ et $\Delta t = (t_{i+1} - t_i)$ à des fins de simplification, l'expression de la variance d'une surface élémentaire δA_i s'écrit :

$$
\begin{aligned}
u_c^2(\delta A_i) = &\left(\frac{\Delta t}{2}\right)^2 \cdot u_c^2(S(t_{i+1})) + \left(\frac{\Delta t}{2}\right)^2 \cdot u_c^2(S(t_i)) + \left(\frac{\Delta t}{2}\right)^2 \cdot u_c^2(S_0(t_{i+1})) + \left(\frac{\Delta t}{2}\right)^2 \cdot u_c^2(S_0(t_i)) \\
&+ \left(\frac{L}{2}\right)^2 \cdot u_c^2(t_{i+1}) + \left(\frac{L}{2}\right)^2 \cdot u_c^2(t_i) + 2 \cdot \left(\frac{\Delta t}{2}\right)^2 \cdot u(S(t_{i+1}), S(t_i)) + 2 \cdot \left(\frac{\Delta t}{2}\right)^2 \cdot u(S_0(t_{i+1}), S_0(t_i)) \\
&- 2 \cdot \left(\frac{\Delta t}{2}\right)^2 \cdot u(S(t_i), S_0(t_i)) - 2 \cdot \left(\frac{\Delta t}{2}\right)^2 \cdot u(S(t_{i+1}), S_0(t_{i+1})) - \left(\frac{\Delta t}{2}\right)^2 \cdot u(S(t_i), S_0(t_{i+1})) \\
&- 2 \cdot \left(\frac{\Delta t}{2}\right)^2 \cdot u(S(t_{i+1}), S_0(t_i)) - 2 \cdot \left(\frac{L}{2}\right)^2 \cdot u(t_{i+1}, t_i)
\end{aligned} \tag{53}
$$

115

Variances composées de $S(t_i)$, $S(t_{i+1})$, $S_0(t_i)$ et $S_0(t_{i+1})$

L'incertitude sur $S(t_i)$, $S(t_{i+1})$, $S_0(t_i)$ et $S_0(t_{i+1})$ résulte de la combinaison des incertitudes suivantes :

- Incertitude due à la résolution du nanovoltmètre 34420A,

- Incertitude d'étalonnage du nanovoltmètre 34420A,

- Incertitude due au bruit de mesure.

En supposant que les 3 facteurs d'incertitudes affectant les déterminations de $S(t_i)$, $S(t_{i+1})$, $S_0(t_i)$ et $S_0(t_{i+1})$ soient indépendants, les variances $u_c^2(S_0(t_i))$, $u_c^2(S_0(t_{i+1}))$, $u_c^2(S(t_i))$ et $u_c^2(S(t_{i+1}))$ s'écrivent :

$$u_c^2(S_0(t_i)) = u_b^2(S_0(t_i)) + u_r^2(S_0(t_i)) + u_e^2(S_0(t_i))$$

$$u_c^2(S_0(t_{i+1})) = u_b^2(S_0(t_{i+1})) + u_r^2(S_0(t_{i+1})) + u_e^2(S_0(t_{i+1}))$$

$$u_c^2(S(t_i)) = u_b^2(S(t_i)) + u_r^2(S(t_i)) + u_e^2(S(t_i))$$

$$u_c^2(S(t_{i+1})) = u_b^2(S(t_{i+1})) + u_r^2(S(t_{i+1})) + u_e^2(S(t_{i+1}))$$

La résolution du nanovoltmètre est de 0,00001 µV. En considérant qu'elle suit une loi de distribution rectangle, l'incertitude correspondante s'écrit donc :

$$u_r(S_0(t_{i+1})) = u_r(S_0(t_i)) = u_r(S(t_{i+1})) = u_r(S(t_i)) = \frac{0,00001}{2\sqrt{3}} = 2,9 \cdot 10^{-6} \, \mu V \qquad (54)$$

Le certificat d'étalonnage indique une incertitude relative inférieure à 0,004 %. On maximise ce terme en écrivant :

$$\frac{u_e(S(t_{i+1}))}{S(t_{i+1})} = \frac{u_e(S(t_i))}{S(t_i)} = \frac{u_e(S_0(t_i))}{S_0(t_i)} = \frac{u_e(S_0(t_i))}{S_0(t_i)} = 0,004 \, \% \qquad (55)$$

A titre d'exemple pour une vitesse de balayage de 15 mK·min^{-1}, les incertitudes d'étalonnage $u_e(S(t))$ et $u_e(S(t_{i+1}))$ sont égales à $1,6 \cdot 10^{-3} \, \mu V$ pour le maximum d'amplitude ($\approx 40 \, \mu V$) du pic de fusion d'étain (masse = 631 mg), et à $12 \cdot 10^{-3} \, \mu V$ pour le maximum d'amplitude (environ 300 μV) d'un pic d'étalonnage électrique.

Comme les signaux de ligne de base $S_0(t_i)$ et $S_0(t_{i+1})$ sont proches de zéro, les incertitudes d'étalonnage associées sont négligeables devant $u_e(S(t))$ et $u_e(S(t_{i+1}))$.

Le bruit crête à crête sur le signal enregistré n'est pas constant sur toute la gamme de température de fonctionnement du calorimètre. Après les améliorations métrologiques de thermalisation de la jonction froide des fils en sortie des thermopiles et les fils de mesure, on arrive à un niveau de bruit de l'ordre de 0,02 μV (crête à crête) à basse température (autour des points de fusion de l'étain et de l'indium) et de l'ordre de 0,04 μV et 0,06 μV à haute température (autour des points de fusion de l'alliage eutectique Ag-Cu et l'argent respectivement). Nous associons à cette valeur une loi de distribution uniforme pour en déduire la valeur d'incertitude due au bruit de mesure qui contribue à l'incertitude sur la ligne de base et sur le signal calorimétrique. Dans le cas des mesures de l'enthalpie de fusion de l'étain, on obtient :

$$u_b(S_0(t_{i+1})) = u_b(S_0(t_i)) = u_b(S(t_{i+1})) = u_b(S(t_i)) = \frac{0,02 \mu V}{2\sqrt{3}} = 5,8 \cdot 10^{-3} \mu V \qquad (56)$$

Variance des temps t_i et t_{i+1}

L'incertitude sur t_i et t_{i+1} résulte de la combinaison des incertitudes suivantes :

- Incertitude due à la résolution de l'horloge du système d'acquisition,

- Incertitude d'étalonnage de l'horloge du système d'acquisition,

La résolution en temps du système d'acquisition est de $1 \cdot 10^{-3}$ s. En considérant qu'elle suit une loi de distribution rectangle, la variance correspondante s'écrit donc :

$$u_r(t_{i+1}) = u_r(t_i) = \frac{0,001}{2\sqrt{3}} = 2,9 \cdot 10^{-4} \, s \qquad (57)$$

L'incertitude sur t_i et t_{i+1} due à l'étalonnage de l'horloge du système d'acquisition est considérée comme négligeable devant l'incertitude due à la résolution.

Calcul de la variance sur une surface élémentaire δA_i

Les mesures de tension $S(t)$ étant effectuées avec le même voltmètre et dans les mêmes conditions d'essai, les incertitudes d'étalonnage $u_e(S(t_{i+1}))$ et $u_e(S(t_i))$ sont supposées totalement corrélées. En revanche, les incertitudes dues à la résolution du voltmètre $u_r(S_0(t_{i+1}))$, $u_r(S_0(t_i))$, $u_r(S(t_{i+1}))$ et $u_r(S(t_i))$ sont supposées identiques et totalement indépendantes. De même, les incertitudes dues aux bruits de mesure $u_b(S_0(t_{i+1}))$, $u_b(S_0(t_i))$, $u_b(S(t_{i+1}))$ et $u_b(S(t_i))$ sont supposées identiques et totalement indépendantes.

Les incertitudes $u_r(t_i)$ et $u_r(t_{i+1})$ dues à la résolution de l'horloge du système d'acquisition sont supposées identiques et totalement indépendantes. Sur la base de ces hypothèses, l'expression (53) devient :

$$
\begin{aligned}
u_c^2(\delta A_i) &= \left(\frac{\Delta t}{2}\right)^2 \cdot \left[u_r^2(S(t_{i+1})) + u_e^2(S(t_{i+1})) + u_b^2(S(t_{i+1}))\right] \\
&+ \left(\frac{\Delta t}{2}\right)^2 \cdot \left[u_r^2(S(t_i)) + u_e^2(S(t_i)) + u_b^2(S(t_i))\right] \\
&+ \left(\frac{\Delta t}{2}\right)^2 \cdot \left[u_r^2(S_0(t_{i+1})) + u_e^2(S_0(t_{i+1})) + u_b^2(S_0(t_{i+1}))\right] \\
&+ \left(\frac{\Delta t}{2}\right)^2 \cdot \left[u_r^2(S_0(t_i)) + u_e^2(S_0(t_i)) + u_b^2(S_0(t_i))\right] \\
&+ \left(\frac{L}{2}\right)^2 \cdot u_r^2(t_{i+1}) + \left(\frac{L}{2}\right)^2 \cdot u_r^2(t_i) + 2 \cdot \left(\frac{\Delta t}{2}\right)^2 \cdot u_e(S(t_{i+1})) \cdot u_e(S(t_i)) \\
&+ 2 \cdot \left(\frac{\Delta t}{2}\right)^2 \cdot u_e(S_0(t_{i+1})) \cdot u_e(S_0(t_i))
\end{aligned}
$$

Cette expression peut s'écrire de façon simplifiée comme suit en tenant compte des remarques précédentes et en négligeant l'incertitude due à la résolution du nanovoltmètre :

$$
u_c^2(\delta A_i) = \left(\frac{\Delta t}{2}\right)^2 \cdot \left(4 \cdot u_e^2(S(t_i)) + 4 \cdot u_b^2(S(t_i))\right) + \left(\frac{L}{2}\right)^2 \cdot 2 \cdot u_r^2(t_i) \tag{58}
$$

L'application numérique de l'équation précédente dans le cas de la fusion d'une masse d'étain de valeur nominale 631 mg, et des deux étalonnages électriques associés, conduit aux incertitudes suivantes sur la surface élémentaire δA_i :

Avant et après les pics d'étalonnage électrique ou de fusion : $\qquad u_c(\delta A_i) \le 0.02 \mu V.s$

Pour le maximum d'un pic d'étalonnage électrique : $\qquad u_c(\delta A_i) \le 0.13 \mu V.s$

Pour le maximum d'un pic de fusion : $\qquad u_c(\delta A_i) \le 0.04 \mu V.s$

Ces ordres de grandeurs sont présentées en figure 40.

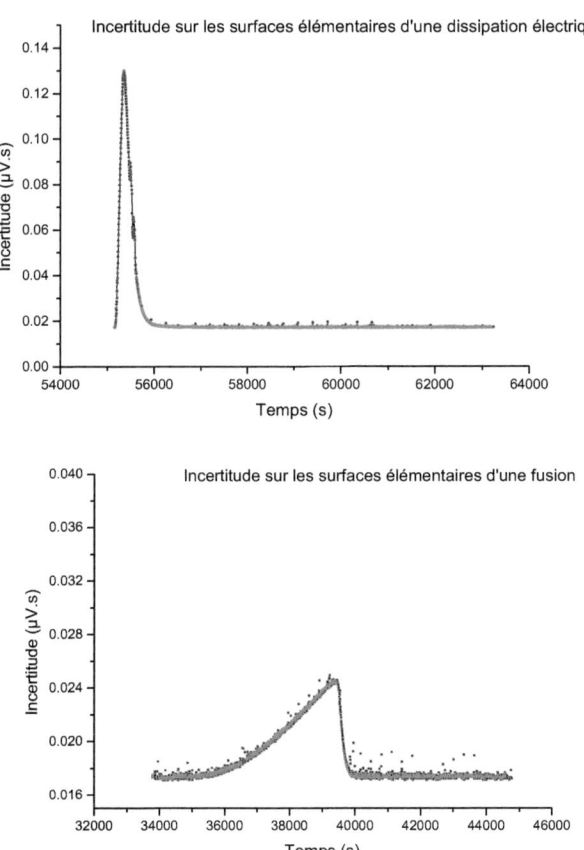

Figure 40 : Incertitude type composée sur les surfaces élémentaires d'un étalonnage électrique et d'une fusion

Comme l'aire totale d'un pic est la somme des surfaces élémentaires $A = \sum_{i=0}^{n} \delta A_i$, l'incertitude sur la totalité de la surface d'un pic de fusion ou d'un étalonnage électrique peut être exprimée par l'équation 59

$$u_c^2(A) = \sum_{i=0}^{n} u_c^2(\delta A_i) + 2\sum_{i=0}^{n-1} \sum_{j=i+1}^{n} r_{ij} \cdot u(\delta A_i) \cdot u(\delta A_j) \tag{59}$$

Avec r_{ij} le coefficient de corrélation entre les surfaces élémentaires δA_i et δA_j , $|r_{ij}| \leq 1$

$$u_c^2(A) = \sum_{i=0}^{n} \left[\left(\frac{\Delta t}{2} \right)^2 \cdot \left(4 \cdot u_e^2(S(t_i)) + 4 \cdot u_b^2(S(t_i)) \right) + \left(\frac{L}{2} \right)^2 \cdot 2 \cdot u_r^2(t_i) \right]$$
$$+ 2\sum_{i=0}^{n-1} \sum_{j=i+1}^{n} 4 \cdot \left(\frac{\Delta t}{2} \right)^2 \cdot u_e(S(t_i)) \cdot u_e(S(t_j))$$

Cette expression peut être maximisée en considérant que toutes les surfaces élémentaires sont corrélées

$$u_c^2(A) \leq \left[\sum_{i=0}^{n} u_c(\delta A_i) \right]^2$$

A titre d'exemple, lors de la mesure de l'enthalpie de fusion de l'échantillon d'étain (masse 631 mg) on trouve que les aires des dissipations électriques et de la fusion sont respectivement :

$A_1 \approx A_2 \approx 101367 \mu V.s$ avec $u_c(A_1) \approx u_c(A_2) \approx 56 \mu V.s$

$A_{fusion} = 106383 \mu V.s$ avec $u_c(A_{fusion}) = 68 \mu V.s$

Ces incertitudes sont de l'ordre de 0,06 % en valeur relative.

Pour estimer l'incertitude sur le calcul de l'aire A due au choix des bornes d'intégration t_1, t_2, t_3 et t_4 (cf. figure 41), l'aire sous un même thermogramme de dissipation électrique a été calculée en faisant varier ces bornes d'intégration.

Le tableau 18 présente les résultats obtenus pour 4 couples de points t_1, t_2, t_3 et t_4. L'écart type relatif de répétabilité est ici de 0,03 %.

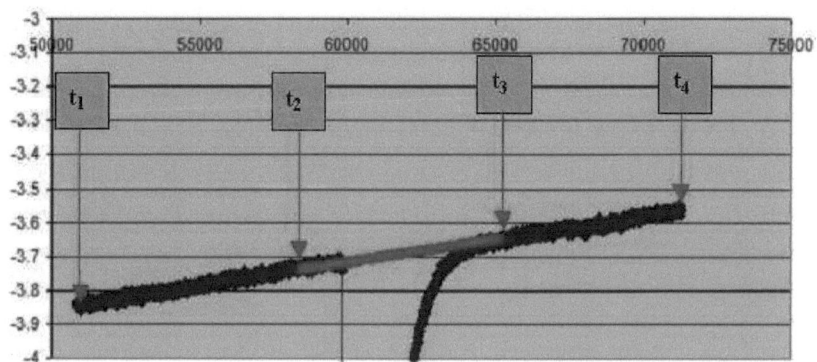

Figure 41 : Pic de dissipation électrique avec une ligne de base droite

Bornes d'intégration t_1, t_2, t_3, t_4 (s)	Aire du pic (µV.s)
1 (50863, 58448, 65178, 71285)	53119,39
2 (50863, 58448, 65178, 66838)	53127,44
3 (58448, 59703, 65178, 66838)	53147,76
4 (58448, 59703, 65178, 71058)	53145,56
Moyenne	53135,04
Écart type (µV.s)	13,85
Écart type (%)	0,03

Tableau 18 : Influence du choix des bornes d'intégration sur un thermogramme de dissipation électrique.

La variance totale $u_{tot}^2(A)$ sur les aires correspondant aux étalonnages électriques A_1 et A_2 s'écrit :

$$u_{tot}^2(A) = u_c^2(A) + u_{bornes}^2(A)$$

Cette incertitude relative totale sur l'aire d'un pic d'étalonnage électrique est égale à :

$$\frac{u_{tot}(A_1)}{A_1} = \frac{u_{tot}(A_2)}{A_2} = 0,06\ \%$$

En plus des facteurs d'incertitude sur l'aire des pics d'étalonnage électrique listés précédemment (bruit de mesure, étalonnage, résolution du nanovoltmètre et de la base de temps, bornes d'intégration), le calcul de l'aire d'un pic de fusion est entaché d'une incertitude liée au choix de la méthode de détermination de la ligne de base. En effet comme décrit au chapitre II.4.3.2, les variations de la capacité thermique de l'échantillon, de la résistance thermique entre l'échantillon et le creuset influent sur la forme de la ligne de base, en particulier lors de la transformation solide-liquide, qui modifie la résistance thermique entre l'échantillon et son contenant.

L'influence du choix de la méthode de détermination de la ligne de base et du choix des bornes d'intégrations a été évaluée statiquement sur un pic de fusion d'étain, en faisant varier les paramètres suivants :

- les bornes d'intégration t_1, t_2, t_3 et t_4 (4 configurations différentes)

- le type de ligne de base (ligne de base droite et ligne de base calculée suivant la méthode décrite au chapitre IV.8.

Le tableau 19 présente les résultats obtenus pour un pic de fusion de 631 mg d'étain. Les écarts type relatifs de répétabilité obtenus en modifiant les bornes d'intégration et la forme de la ligne de base sont respectivement égaux à 0,02 % et 0,14 %.

Bornes d'intégrations	Aire du pic avec LdB droite (μV.s)	Aire du pic avec LdB construite (μV.s)	Différence des aires (μV.s)	Différence relative des aires (%)
1	106388	106249	139	0,13
2	106410	106224	186	0,17
3	106374	106276	98	0,09
4	106405	106229	175	0,17
Moyenne	**106394**	**106245**	**150**	**0,14**
Écart type (μV.s)	**17**	**23**		

Tableau 19 : Influence du choix des bornes d'intégration et la forme de la ligne de base sur un thermogramme de fusion

La variance totale $u_{tot}^2\left(A_{fusion}\right)$ sur l'aire d'un pic de fusion A_{fusion} s'écrit :

$$u_{tot}^2\left(A_{fusion}\right)=u_c^2\left(A_{fusion}\right)+u_{bornes}^2\left(A_{fusion}\right)+u_{ldb}^2\left(A_{fusion}\right)$$

$$u_{tot}\left(A_{fusion}\right)=\sqrt{(68)^2+(23)^2+(150)^2}=166\,\mu V.s$$

L'incertitude relative totale sur l'aire du pic de fusion de 631 mg d'étain est égale à :

$$\frac{u_{tot}\left(A_{fusion}\right)}{A_{fusion}}=0,16\%$$

VI.2.3. Incertitude sur la détermination des énergies électriques E_1 et E_2

Rappelons que l'énergie électrique dissipée par effet Joule dans le calorimètre est calculée à partir des moyennes des tensions mesurées aux bornes de la résistance chauffante et de la résistance standard, de la durée de dissipation ainsi que de la valeur de la résistance standard :

$$E=\frac{\overline{U_{chauf}}.\overline{U_{ref}}}{R_s}t_{dis}$$

La variance de l'énergie électrique E s'exprime par :

$$u_c^2(E)=\left(\frac{\overline{U_{ref}}}{R_s}t_{dis}\right)^2\cdot u_c^2(\overline{U_{chauf}})+\left(\frac{\overline{U_{chauf}}}{R_s}t_{dis}\right)^2\cdot u_c^2(\overline{U_{ref}})+\left(-\frac{\overline{U_{chauf}}\,\overline{U_{ref}}}{R_s^2}t_{dis}\right)^2\cdot u_c^2(R_s)+\left(\frac{\overline{U_{chauf}}\,\overline{U_{ref}}}{R_s}\right)^2\cdot u_c^2(t_{dis})$$
$$+2\cdot\left(\frac{\overline{U_{ref}}}{R_s}t_{dis}\right)\cdot\left(\frac{\overline{U_{chauf}}}{R_s}t_{dis}\right)\cdot u(\overline{U_{chauf}},\overline{U_{ref}})$$
(60)

Incertitude sur la mesure des deux tensions $\overline{U_{chauf}}$ et $\overline{U_{ref}}$

Les deux tensions aux bornes de la résistance chauffante U_{chauf} et aux bornes de la résistance de référence U_{ref} sont mesurées par le multimètre 34970A qui a été étalonné au LNE. L'incertitude sur $\overline{U_{chauf}}$ et $\overline{U_{ref}}$ résulte de la combinaison des incertitudes suivantes :

- Incertitude due à la résolution du voltmètre,

- Incertitude d'étalonnage du voltmètre,

- Incertitude due à la dérive du voltmètre,

- Incertitude sur le calcul moyenne des tensions $\overline{U_{chauf}}$ et $\overline{U_{ref}}$.

L'incertitude d'étalonnage est donnée dans le certificat d'étalonnage sous la forme $\pm\,(1.10^{-5}U + 0.3\mu V)$, où U est la tension exprimée en V. L'incertitude due à la dérive du multimètre entre deux étalonnages est considérée égale à l'incertitude d'étalonnage. L'incertitude due à la résolution du multimètre ($0,1\mu V$ pour le calibre 1V, et $0,01\mu V$ pour le calibre 100mV) est négligeable par rapport aux autres composantes d'incertitude.

Les valeurs retenues pour les tensions aux bornes de la résistance chauffante et de la résistance de référence sont respectivement :

$$\overline{U_{chauf}} = \frac{\sum\limits_{k=1}^{N} U_{chauf}(t_k)}{N} \qquad et \qquad \overline{U_{ref}} = \frac{\sum\limits_{k=1}^{N} U_{ref}(t_k)}{N}$$

où N est le nombre de mesures effectuées pendant la durée de la dissipation t_{dis} (N=58 pour des acquisitions effectuées toutes les 3 s pendant une durée de dissipation t_{dis}=174 s).

Les écarts types expérimentaux $\sigma_{U_{ref}}$ et $\sigma_{U_{chauf}}$ des moyennes de chaque tension mesurée sont inclus dans l'incertitude de mesure de la tension. Cette composante est la composante majoritaire dans l'incertitude de mesure de la tension.

$$u_c(\overline{U_{ref}}) = \frac{\sigma_{U_{ref}}}{\sqrt{N}} \qquad et \qquad u_c(\overline{U_{chauf}}) = \frac{\sigma_{U_{chauf}}}{\sqrt{N}}$$

Incertitude sur la résistance standard R_s

La résistance standard (de valeur nominale 0,1 Ω) a été étalonnée à différents niveaux d'intensité du courant électrique. Son certificat d'étalonnage indique une valeur R_s de 0,1000002 Ω avec une incertitude d'étalonnage élargie de $8\cdot10^{-6}\cdot R$ (k=2) où R est exprimée en Ω.

Les différentes composantes de l'incertitude sur la résistance standard sont :

- Incertitude d'étalonnage : $u_e(R_s) = 4\cdot10^{-7}\,\Omega$

- Incertitude due à la dérive dans le temps : D'après les données du constructeur, la stabilité sur une année est de $\pm$ 4 ppm. Nous associons à cette valeur une loi de distribution uniforme pour en déduire la valeur d'incertitude :

$$u_d(R_s) = \frac{4\cdot10^{-7}}{\sqrt{3}}\,\Omega$$

124

- Incertitude due à la variation de la température de la salle : La variation maximale de la résistance standard si la température de la salle varie de 18 à 28 °C autour de 23 °C est de 2 ppm/°C. La résistance standard est placée dans une baie équipée de ventilateurs pour homogénéiser la température de ses constituants à la température de la salle. La température de la salle est régulée à 23 ± 2 °C, ce qui conduit à une variation sur la résistance standard de ± 4 ppm. Nous associons à cette valeur une loi de distribution uniforme, de demi-largeur de 4 ppm, pour en déduire la valeur d'incertitude due à la variation de la température de la salle :

$$u_{temp}(R_s) = \frac{4 \cdot 10^{-7}}{\sqrt{3}} \Omega$$

La variance composée sur la résistance standard peut être exprimée par :

$$u_c^2(R_s) = u_e^2(R_s) + u_d^2(R_s) + u_{temp}^2(R_s), \text{ soit ici } u_c(R_s) = 5 \cdot 10^{-7} \ \Omega$$

Incertitude sur la durée de la dissipation

La base de temps du système de dissipation d'énergie composée de la carte PCI 6052E, de l'horloge du PC et du relais électronique a été étalonnée pour plusieurs durées de dissipations (comprises entre 20 s et 174 s) à l'aide d'un fréquencemètre étalonné fonctionnant en mode intervalle de temps. Les résultats de cet étalonnage sont indiqués dans le tableau 20. La durée de dissipation mesurée résulte de la moyenne de dix relevés consécutifs.

Durée de dissipation programmée (s)	Durée de dissipation mesurée (s)	Ecart type sur 10 mesures (en %)	Incertitude d'étalonnage (ms)
20	20,0007	11.10^{-6}	± 0,4
50	50,0008	$3,7.10^{-6}$	± 0,4
100	100,0015	$4,3.10^{-6}$	± 1,4
174	174,0022	$1,1.10^{-6}$	± 2,1

Tableau 20 : Incertitude d'étalonnage de la durée de dissipation électrique

D'après le tableau 20, l'incertitude type composée sur la durée de dissipation de 174 s, qui correspond à la durée de dissipation appliquée pour l'ensemble des mesures d'enthalpie de fusion présentée dans ce mémoire, est de : $u_c(t_{dis}) = 1,05 \ ms$

Covariance entre les deux tensions $\overline{U_{chauf}}$ et $\overline{U_{ref}}$

Les mesures de tension étant effectuées avec le même multimètre 34970A et dans les mêmes conditions d'essai, les incertitudes d'étalonnage sur $\overline{U_{chauf}}$ et $\overline{U_{ref}}$ sont supposées totalement corrélées, il en est de même pour les incertitudes dues à la dérive du multimètre. Les incertitudes dues à la résolution du multimètre sont négligeables devant les autres termes d'incertitude. Les incertitudes dues aux bruits de mesure sur $\overline{U_{chauf}}$ et $\overline{U_{ref}}$ sont supposées totalement indépendantes. Afin de simplifier le calcul de l'incertitude sur l'énergie électrique, $\overline{U_{chauf}}$ et $\overline{U_{ref}}$ sont considérées totalement corrélées, ce qui maximise l'incertitude sur E.

Le tableau 21 montre un exemple de détermination de l'énergie électrique dissipée par effet Joule accompagnée du bilan d'incertitude de mesure associé.

	$\overline{U_{chauf}}(V)$	$\overline{U_{ref}}(V)$	$R_s\ (\Omega)$	$t_{dis}(s)$	$E\ (J)$
Valeur	1,99743	0,0053796	0,1000002	174,000	**18,6969**
u_c	0,00017	0,0000011	0,0000005	0,001	**0,0055**

Tableau 21 : Application numérique sur une mesure de l'énergie électrique

L'incertitude type composée sur la détermination de l'énergie électrique ne dépasse pas 0,03 % en valeur relative. Les composantes d'incertitude sur l'énergie électrique sont présentées sur la figure 43.

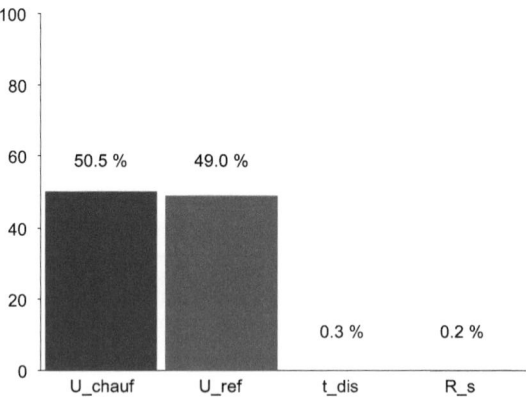

Figure 42 : Contribution relative des termes de variance sur l'énergie électrique

Cette incertitude est dominée par les incertitudes sur la mesure de la tension aux bornes de la résistance chauffante et aux bornes de la résistance standard, les incertitudes sur la résistance standard et sur la durée de dissipation étant négligeables.

VI.3. Budget d'incertitude sur la détermination de l'enthalpie de fusion de l'étain

La variance composée sur l'enthalpie de fusion est donnée dans l'expression (51). Les composantes principales d'incertitude sont :

- La détermination de la sensibilité *Sens* en énergie du calorimètre à la température de fusion T_{fusion}. Cette détermination consiste à interpoler linéairement les deux sensibilités en énergie $Sens_1$ et $Sens_2$ déterminées par substitution électrique aux deux températures T_1 et T_2 avant et après la fusion. Les sensibilités $Sens_1$ et $Sens_2$ sont calculées à partir des mesures des aires A_1 et A_2, et des énergies E_1 et E_2.

- La détermination de l'aire du pic de fusion A_{fusion} de l'échantillon.

- La mesure de la masse *m* de l'échantillon.

L'évaluation de l'ensemble de ces composantes d'incertitude a été présentée précédemment, à l'exception des termes de covariance. La covariance entre aires *A1* et *A2* est donné par l'expression suivante :

$$u(A_1, A_2) = u_e(A_1) \cdot u_e(A_2) = \sqrt{\left[\sum_{i=0}^{n} \left[\left(\frac{\Delta t}{2} \right)^2 \cdot 4 \cdot u_e^2(S(t_i)) \right] + 2 \sum_{i=0}^{n-1} \sum_{j=i+1}^{n} 4 \cdot \left(\frac{\Delta t}{2} \right)^2 \cdot u_e(S(t_i)) \cdot u_e(S(t_j)) \right]_1}$$
$$\times \sqrt{\left[\sum_{i=0}^{n} \left[\left(\frac{\Delta t}{2} \right)^2 \cdot 4 \cdot u_e^2(S(t_i)) \right] + 2 \sum_{i=0}^{n-1} \sum_{j=i+1}^{n} 4 \cdot \left(\frac{\Delta t}{2} \right)^2 \cdot u_e(S(t_i)) \cdot u_e(S(t_j)) \right]_2} \qquad (61)$$

or $u_e(A_1) \approx u_e(A_2) \leq \sum_{i=0}^{n} u_e(\delta A_i)$

on obtient ainsi $u(A_1, A_2) \leq 12 \mu V.s \times 12 \mu V.s$

de même $u(A_1, A_{fusion}) \leq 12 \mu V.s \times 12 \mu V.s$ et $u(A_2, A_{fusion}) \leq 12 \mu V.s \times 12 \mu V.s$

Par ailleurs afin de simplifier l'évaluation du terme de covariance entre les énergies E_1 et E_2, on considère qu'elles sont totalement corrélées. La covariance entre ces deux paramètres s'écrit alors $u(E_1, E_2) = u_c(E_1) \cdot u_c(E_2)$. Cette simplification revient à maximiser la variance sur l'enthalpie de fusion.

Le tableau 22 montre les composantes principales de l'incertitude de mesure de l'enthalpie de fusion d'un échantillon d'étain dont la masse nominale est de 631 mg.

Quantité, X_i	Estimation, x_i	Incertitude type $u(x_i)$	Coefficient de sensibilité	Contribution à l'incertitude $(J.g^{-1})$
m	631,00 mg	0,12 mg	$\dfrac{-2}{m^2} \cdot \dfrac{A_{fusion}}{\dfrac{A_1}{E_1} + \dfrac{A_2}{E_2}}$	0,0114
A_{fusion}	106241 µV.s	166 µV.s	$\dfrac{2}{m} \cdot \dfrac{1}{\dfrac{A_1}{E_1} + \dfrac{A_2}{E_2}}$	0,0942
A_1	101398 µV.s	58 µV.s	$\dfrac{2}{m} \cdot \dfrac{-\dfrac{A_{fusion}}{E_1}}{\left(\dfrac{A_1}{E_1} + \dfrac{A_2}{E_2}\right)^2}$	0,0172
A_2	101367 µV.s	58 µV.s	$\dfrac{2}{m} \cdot \dfrac{-\dfrac{A_{fusion}}{E_2}}{\left(\dfrac{A_1}{E_1} + \dfrac{A_2}{E_2}\right)^2}$	0,0172
E_1	36,3476 J	0,0019 J	$\dfrac{2}{m} \cdot \dfrac{\dfrac{A_{fusion} \cdot A_1}{E_1^2}}{\left(\dfrac{A_1}{E_1} + \dfrac{A_2}{E_2}\right)^2}$	0,0016
E_2	36,2267 J	0,0031 J	$\dfrac{2}{m} \cdot \dfrac{\dfrac{A_{fusion} \cdot A_2}{E_2^2}}{\left(\dfrac{A_1}{E_1} + \dfrac{A_2}{E_2}\right)^2}$	0,0026

Tableau 22: Budget d'incertitude sur la mesure de l'enthalpie de fusion d'un échantillon d'étain de masse 631,00 mg.

Sans tenir compte de la corrélation entre les quantités A_1, A_2, A_{fusion}, on obtient une incertitude type composée sur l'enthalpie de fusion de **0,10 J.g^{-1}**. En considérant que les quantités A_1, A_2, A_{fusion} sont totalement corrélées, l'incertitude type composée sur l'enthalpie de fusion devient de **0,06 J.g^{-1}**.

En calculant la corrélation entre A_1, A_2, A_{fusion} à partir de l'expression 62, on obtient :

$r(A_1, A_2) = 0,0428$ et $r(A_1, A_{fusion}) = r(A_2, A_{fusion}) = 0,0150$ on obtient une incertitude type composée sur l'enthalpie de fusion de **0,098 J.g^{-1}**.

Cette incertitude doit être combinée quadratiquement avec la répétabilité des déterminations de l'enthalpie de fusion de l'échantillon. Si la moyenne de 5 déterminations de l'enthalpie de fusion de l'échantillon d'étain est de **60,21 J.g^{-1}** avec un écart type de répétabilité de **0,042 J.g^{-1}** alors l'incertitude totale sur l'enthalpie de fusion de cet échantillon d'étain est de :

$$u_{tot}(\Delta_{fus}H) = \sqrt{(0,098)^2 + (0,042)^2} = \textbf{0,105 J.g}^{-1}$$

D'où
$$\boxed{\Delta_{fus}H\left(J.g^{-1}\right) = 60,21 \pm 0,21 \qquad (k = 2)}$$

On considère à présent le cas où la température de fusion n'est pas centrée par rapport aux deux températures T_1, et T_2. Dans ce cas, la sensibilité en énergie du calorimètre est légèrement différente de la moyenne des deux sensibilités, et il faut appliquer l'équation d'interpolation linéaire de la sensibilité (42).

La température mesurée par le thermocouple S et la chaîne de mesure sert à repérer la température à laquelle commence la fusion de l'échantillon afin de pouvoir déterminer la sensibilité en énergie. On maximise l'incertitude sur la mesure des températures T_1, T_2 et T_{fusion} en considérant que :

• $u_c(T_1) = u_c(T_2) = 0,1\,°C$, ce qui correspond à 10 fois la résolution de la chaine de mesure en température,

• $u_c(T_{fusion}) = 0,2\,°C$, sachant que T_{fusion} ne varie que d'environ 0,01 °C lorsque sa détermination est réalisée avec plusieurs formes de lignes de base (droite, sigmoïde...)

En utilisant la procédure de mesure développée dans ce travail, les composantes d'incertitude liées aux mesures de température sont négligeables devant les autres sources d'incertitude de détermination de la sensibilité et de l'enthalpie de fusion, même en faisant les hypothèses majorantes précédentes (cf. figures 43, 44). La composante la plus importante est l'incertitude sur l'aire du pic de fusion qui a été évaluée à 0,16 % en incertitude type relative.

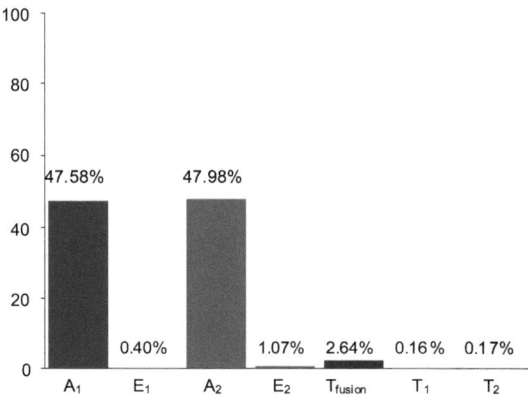

Figure 43 : Contribution relative des termes de variance sur la sensibilité des thermopiles calculée à la température de fusion.

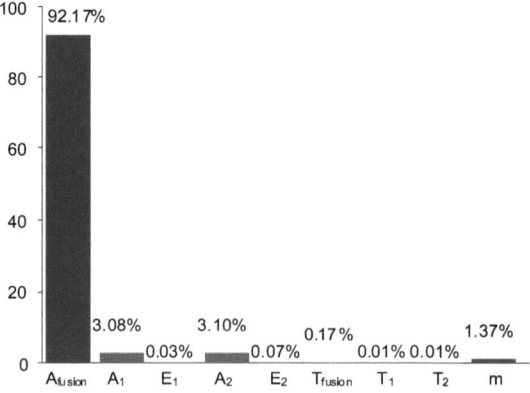

Figure 44 : Contribution relative des termes de variance sur l'enthalpie de fusion.

Conclusion

Suite à l'analyse des facteurs d'influence et à la caractérisation métrologique du calorimètre et du système d'étalonnage par effet Joule autour du point de fusion de l'étain, nous constatons que l'incertitude élargie sur la mesure de l'enthalpie de fusion de l'étain est inférieur à **0,35 %** en valeur relative.

Cette valeur est la combinaison quadratique d'une incertitude type due à la méthode de mesure employée avec les instruments de mesure utilisés (maximisée à **0,10 J.g^{-1}**) et de la répétabilité des mesures.

VII. Mesure de l'enthalpie de fusion de l'étain et de l'indium

La méthodologie développée dans le cadre de cette thèse pour la mesure de l'enthalpie de fusion a d'abord été appliquée pour validation à la détermination de l'enthalpie de fusion de l'étain et de l'indium. Ces deux métaux ont été choisis car ce sont les deux matériaux qui ont suscité le plus d'études de caractérisation et de certification pour être utilisés comme matériaux de référence pour les techniques d'analyse thermique et de calorimétrie.

VII.1. Mesure de l'enthalpie de fusion de l'étain

Des mesures d'enthalpie de fusion ont été effectuées sur plusieurs échantillons de masses différentes issus d'un lot d'étain très pur (6N) se présentant sous forme de billes de diamètre compris entre 0,5 mm et 1,5 mm, et provenant du fournisseur Billiton Arnhem (n° de lot 3610). La masse de l'échantillon est déterminée en deux étapes, en faisant d'abord la pesée du creuset en quartz vide, puis en mesurant la masse de l'ensemble « creuset quartz + échantillon ».

Le tableau 23 présente les résultats obtenus. La première colonne contient la masse de l'échantillon, la deuxième colonne indique le nombre de mesures réalisées sur l'échantillon, la troisième colonne est la moyenne des n mesure d'enthalpie de fusion, la quatrième colonne est l'écart type expérimental, et la dernière colonne est la combinaison quadratique de l'écart type de répétabilité avec l'incertitude type de mesure estimée au chapitre VI.

Masse de l'échantillon (g)	n	Enthalpie de fusion $(J.g^{-1})$	Ecart type expérimental $(J.g^{-1})$	Incertitude type composée (k=1) $(J.g^{-1})$
0,63100	5	60,21	0,04	0,11
0,60463	4	60,21	0,03	0,10
0,60043	5	60,23	0,02	0,10
0,46362	3	60,21	0,05	0,11
0,38602	2	60,26	0,01	0,10

Tableau 23 : Résultats des mesures de l'enthalpie de fusion de l'étain par le LNE

La moyenne $\overline{\Delta_{fus}H}$ des enthalpies de fusion mesurées sur les 5 éprouvettes d'étain est égale à 60,22 J·g^{-1}. L'écart type sur ces 5 mesures, qui représente l'inhomogénéité du lot d'étain, est de 0,02 J·g^{-1}.

Pour attribuer une valeur d'enthalpie de fusion à un échantillon d'étain (6N) pris au hasard dans le lot disponible au LNE, nous prenons pour enthalpie de fusion cette valeur moyenne, et pour incertitude sur cette valeur la combinaison quadratique de la valeur maximale (0,11 J·g^{-1}) du tableau 23 avec l'écart type dû à l'inhomogénéité du lot.

$$\Delta_{fus}H = 60,22 \ \pm 0,22 \ \ J.g^{-1}(k=2) \qquad (62)$$

Cette valeur est en bon accord avec la valeur annoncée par [Della Gatta et al., 2006] :

$$\Delta_{fus}H = 60,38 \ \pm 0,15 \ \ J.g^{-1}(k=2)$$

VII.2. Comparaison de l'enthalpie de fusion de l'étain mesurée par le LNE avec des valeurs certifiées

Le tableau 24 présente une comparaison de la valeur de l'enthalpie de fusion de l'étain mesurée par le LNE avec celles attribuées à des matériaux de référence certifiés par d'autres laboratoires de métrologie : NIST (National Institute of Standards and Technology - USA) et PTB (Physikalisch-Technische Bundesanstalt - Allemagne), ainsi que par le LGC (Laboratory of the Government Chemist - UK).

Laboratoire	Matériau	Enthalpie de fusion (J.g^{-1})	Incertitude élargie (k=2) (J.g^{-1})
NIST	SRM 2220	60,22	0,19
LGC	LGC 2609	60,54	0,09
PTB	ZRM 31403	60,24	0,16
LNE	6N Billiton Arnhem	60,22	0,22

Tableau 24 : Comparaison de la valeur d'enthalpie de fusion de l'étain mesurée par le LNE avec celles obtenues par d'autres laboratoires de métrologie.

Nous remarquons que le résultat de mesure de l'enthalpie de fusion de l'étain du LNE ainsi que l'incertitude élargie estimée sont en excellent accord avec les valeurs annoncées par le NIST et le PTB. La valeur d'enthalpie de fusion donnée par le LGC est légèrement au-dessus de celles des trois autres laboratoires (cf. figure 45) avec une incertitude de mesure qui est environ 50 % plus faible.

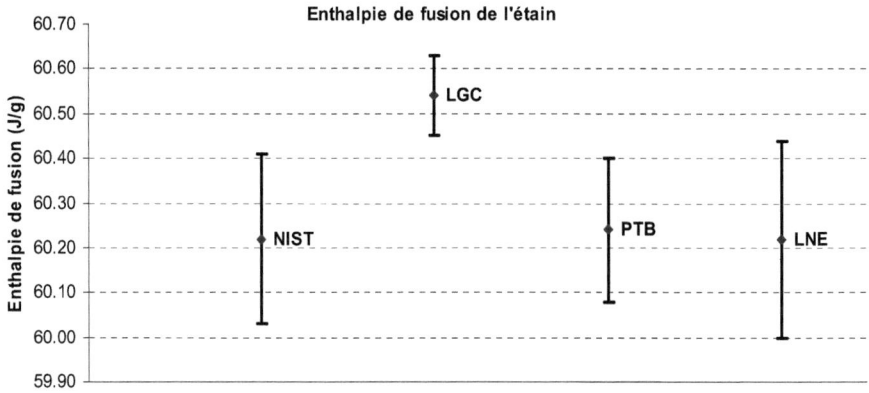

Figure 45 : Comparaison du résultat de mesure de l'enthalpie de fusion de l'étain du LNE avec ceux obtenus par d'autres laboratoires

VII.3. Mesure de l'enthalpie de fusion de l'indium

Des mesures d'enthalpie de fusion ont également été réalisées sur des échantillons d'indium provenant de deux lots différents :

- Un lot d'indium 5N de 1184 g provenant du fournisseur Goodfellow. Il se présente sous forme de feuilles d'épaisseur 0,20 mm, de largeur 150 mm, et de longueur 300 mm.
- Un lot d'indium 6N de 200 g se présentant sous forme de granulés.

Les mesures ont d'abord été effectuées avec le premier lot sur trois échantillons prélevés dans une même feuille prise au hasard dans le lot. Puis deux autres déterminations d'enthalpie de fusion ont été réalisées sur un échantillon d'indium 6N (second lot).

134

Nous avons adopté la même procédure que celle utilisée pour la mesure de l'enthalpie de fusion de l'étain. Dans un premier temps, la sensibilité du calorimètre en énergie a été déterminée autour du point de fusion de l'indium suivant deux modes thermiques :

- Mode dynamique avec une rampe de température allant de 146 °C à 162 °C à une vitesse de chauffe de 0,015 °C/min (cf. première partie de la figure 46),

- Mode isotherme où le calorimètre est maintenu à 156,42 °C (cf. seconde partie de la figure 46).

Les pics des dissipations électriques sont espacés d'un intervalle de temps de 4 heures, suffisant pour un bon retour à la ligne de base avant la génération de la dissipation électrique suivante. Chaque pic est la réponse de la thermopile à l'énergie électrique dissipée pendant un temps de 174 s. Le courant électrique a été réglé de telle sorte que l'énergie électrique dissipée soit proche de l'enthalpie de fusion d'un gramme d'indium (environ 28 J). La figure 46 montre les pics d'étalonnage électrique mesurés ainsi que le programme de température appliqué. Les pics coloriés en jaune sont ceux qui ont été retenus pour l'étalonnage électrique, les autres pics n'ont pas été exploités à cause des variations importantes des lignes de base avant et après l'étalonnage électrique. L'aire de chaque pic a été calculée en choisissant une droite comme ligne de base.

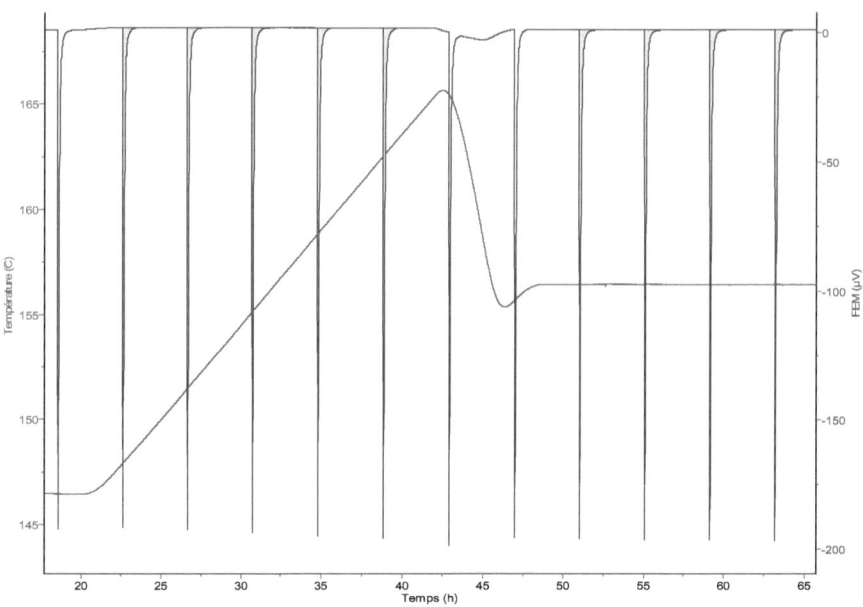

Figure 46 : Etalonnage électrique autour du point de fusion de l'indium

Le tableau 25 résume les résultats de l'étalonnage électrique réalisé autour du point de fusion de l'indium. La figure 47, qui représente le tracé de la sensibilité des thermopiles en fonction de la température, montre qu'il est possible d'interpoler cette sensibilité autour du point de fusion de l'indium par une fonction linéaire.

Mode	$T(^{\circ}C)$	$\overline{U_{chauf}}(V)$	$\overline{U_{ref}}(V)$	$E(J)$	Aire du pic $(\mu V.s)$	Sens $(\mu V.W^{-1})$
Isotherme	156,42	2,400825	0,006520	27,237135	74123	2721,4
	156,43	2,400362	0,006519	27,226575	74099	2721,6
	156,42	2,399978	0,006518	27,217801	74106	2722,7
	156,43	2,400580	0,006519	27,231877	74175	2723,8
Rampe à 15 mK/min	147,89	2,398836	0,006518	27,206584	73579	2704,5
	151,44	2,399418	0,006518	27,213353	73789	2711,5
	155,10	2,399281	0,006516	27,203770	73996	2720,1
	158,80	2,400112	0,006517	27,217025	74203	2726,4
	162,50	2,400467	0,006517	27,218746	74378	2732,6

Tableau 25 : Etalonnage électrique autour du point de fusion de l'indium suivant les deux modes : Isotherme à 156,4°C et balayage à 15 mK/min.

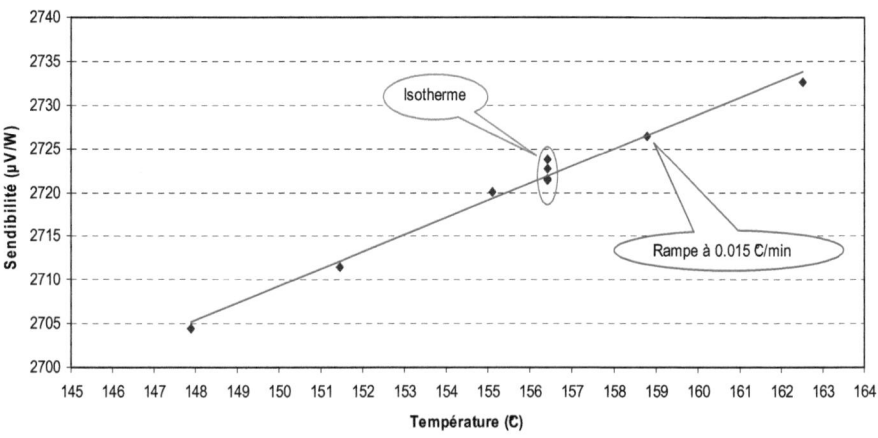

Figure 47 : Variation de la sensibilité des thermopiles en fonction de la température autour du point de fusion de l'indium

Comme dans le cas des étalonnages réalisés autour du point de fusion de l'étain, il y a un très bon accord entre les sensibilités obtenues avec les étalonnages effectués en mode isotherme et ceux effectués en mode de balayage. La sensibilité des thermopiles vers 156 °C est d'environ 2720 μV.W^{-1}, et est inférieure à celle obtenue à 232 °C (de l'ordre de 2800 μV.W^{-1}).

En considérant l'étalonnage électrique en mode de balayage à faible vitesse de chauffe, la sensibilité en energie sur la plage de température allant de 148 °C à 162 °C peut être representée par une droite d'équation :

$$Sens(T) = 1,9431 \cdot T + 2417,5 \qquad (63)$$

où T est la température en °C mesurée par le thermocouple S situé dans le bloc calorimétrique.

VII.3.1. Résultats des mesures de l'enthalpie de fusion de l'indium 5N (1er lot)

Des séries de mesures successives ont été effectuées sur trois échantillons d'indium de masses différentes en appliquant la méthode développée et en retirant les deux doigts de gants du calorimètre après chaque mesure d'enthalpie de fusion. La durée de dissipation de l'énergie électrique reste la même (174s), par contre le courant électrique est ajusté pour générer un niveau d'énergie équivalent à la chaleur mise en jeu lors de la fusion de chaque échantillon. Les résultats de mesure de l'enthalpie de fusion de chaque échantillon sont présentés dans les tableaux suivants.

Essai	T_{fusion} (°C)	A_{fusion} (μV.s)	Sens (μV.W^{-1})	$\Delta_{fus}H$ (J.g^{-1})
1	156,29	71472	2717,6	28,75
2	156,23	71577	2721,5	28,75
3	156,20	71409	2721,1	28,68
4	156,30	71228	2717,3	28,64
5	156,23	71339	2720,5	28,66
6	156,25	71369	2721,1	28,67
Moyenne	156,25	71399	2719,8	28,69
Écart type (%)	0,02	0,17	0,07	0,16
Etendue (%)	0,06	0,49	0,15	0,38

Tableau 26 : Mesure de l'enthalpie de fusion du 1er échantillon d'indium, masse = 914,91 mg

Essai	T_{fusion} (°C)	A_{fusion} (μV.s)	*Sens* (μV.W⁻¹)	$\Delta_{fus}H$ (J.g⁻¹)
1	156,33	40718	2728,9	28,63
2	156,25	40629	2722,6	28,65
3	156,32	40487	2714,6	28,62
4	156,28	40548	2715,4	28,66
5	156,25	40415	2709,5	28,63
6	156,25	40357	2707,6	28,60
7	156,26	40410	2711,2	28,60
Moyenne	**156,28**	**40509**	**2715,7**	**28,63**
Écart type (%)	**0,02**	**0,32**	**0,28**	**0,07**
Etendue (%)	**0,05**	**0,89**	**0,78**	**0,18**

Tableau 27 : Mesure de l'enthalpie de fusion du 2ᵉ échantillon d'indium, masse = 521,09 mg

Essai	T_{fusion} (°C)	A_{fusion} (μV.s)	*Sens* (μV.W⁻¹)	$\Delta_{fus}H$ (J.g⁻¹)
1	156,26	8304	2694,0	28,60
2	156,25	8396	2722,6	28,61
3	156,28	8386	2719,0	28,62
4	156,21	8364	2708,2	28,67
5	156,25	8388	2724,4	28,58
6	156,24	8435	2732,9	28,65
Moyenne	**156,25**	**8379**	**2716,8**	**28,62**
Écart type (%)	**0,01**	**0,52**	**0,51**	**0,12**
Etendue (%)	**0,04**	**1,56**	**1,43**	**0,31**

Tableau 28 : Mesure de l'enthalpie de fusion du 3ᵉ échantillon d'indium, masse = 107,78 mg

Les graphes de la figure 48 montrent que les sensibilités des thermopiles calculées à la température de fusion ont un comportement linéaire en fonction de l'aire du pic de fusion.

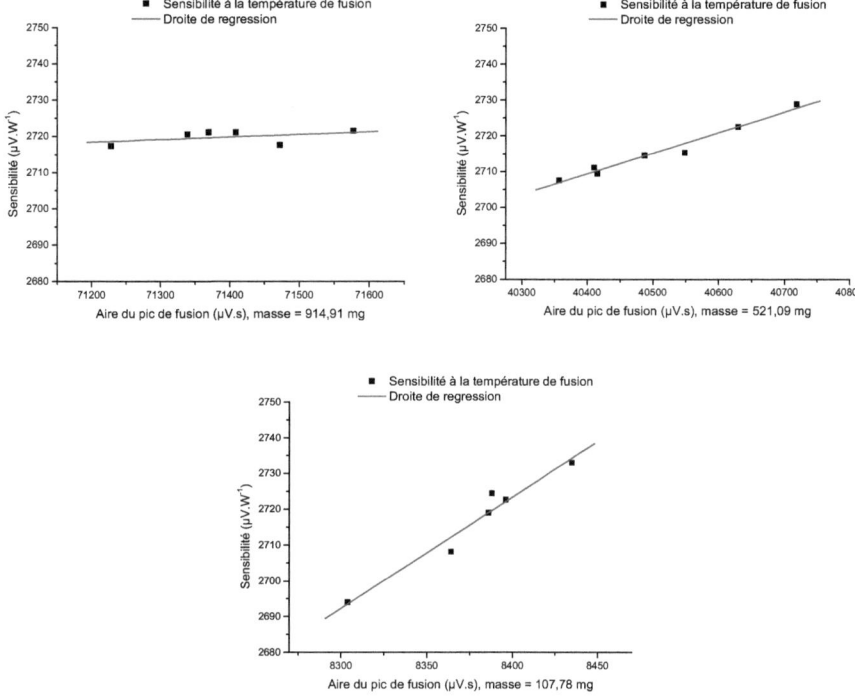

Figure 48 : Sensibilité des thermopiles à la température de fusion de l'indium en fonction de l'aire des pics de fusion.

Le tableau 29 montre un résumé des résultats des mesures d'enthalpie de fusion réalisées sur les trois échantillons d'indium 5N.

Masse de l'échantillon (g)	n	Enthalpie de fusion $(J.g^{-1})$	Ecart type expérimental $(J.g^{-1})$	Incertitude type composée (k=1) $(J.g^{-1})$
0,91491	6	28,69	0,05	0,07
0,52109	7	28,63	0,02	0,05
0,10772	6	28,62	0,03	0,06

Tableau 29 : Résultats de mesure de l'enthalpie de fusion de l'indium 5N

L'incertitude sur la détermination de l'enthalpie de fusion des échantillons d'indium 5N a été évaluée an appliquant la méthodologie décrite au chapitre VI. Le niveau du bruit sur la force électromotrice issue des thermopiles est quasiment le même à la température de fusion de l'indium et à la température de fusion de l'étain (0,02 μV crête à crête). Les incertitudes sur la détermination de la sensibilité des thermopiles et l'aire du pic de fusion sont du même ordre de grandeur.

Un exemple de budget d'incertitude sur la détermination de l'enthalpie de fusion du deuxième échantillon d'indium 5N est présenté dans le tableau 30.

Quantité, X_i	Estimation, x_i	Incertitude type $u(x_i)$	Coefficient de sensibilité	Contribution à l'incertitude $(J.g^{-1})$
m	521,09 mg	0,12mg	-55 ($J.g^{-2}$)	0,0066
A_{fusion}	40436 μV.s	65 μV.s	0,0007 (W.μV^{-1}.g^{-1})	0,0459
A_1	39980 μV.s	24 μV.s	-0,0004 (W.μV^{-1}.g^{-1})	0,0086
A_2	40298 μV.s	24 μV.s	-0,0004 (W.μV^{-1}.g^{-1})	0,0086
E_1	14,8167 J	0,0036 J	0,9639 (g^{-1})	0,0034
E_2	14,8328 J	0,0029 J	0,9694 (g^{-1})	0,0028

Tableau 30 : Budget d'incertitude sur la mesure de l'enthalpie de fusion de l'échantillon d'indium de masse 521,09 mg.

La moyenne $\overline{\Delta_{fus}H}$ des enthalpies de fusion mesurées sur les 3 éprouvettes d'indium 5N est égale à **28,65 J·g^{-1}**. L'écart type sur ces 3 mesures, qui représente l'inhomogénéité du lot d'indium 5N, est de **0,04 J·g^{-1}**.

Pour attribuer une valeur d'enthalpie de fusion à un échantillon de d'indium 5N disponible au LNE, nous prenons pour enthalpie de fusion cette valeur moyenne, et pour incertitude sur cette valeur la combinaison quadratique de la valeur maximale du tableau 29 avec l'écart type dû à l'inhomogénéité du lot.

$$\Delta_{fus} H = 28,65 \pm 0,16 \ J.g^{-1} \quad (k = 2) \qquad (64)$$

L'écart type de répétabilité sur l'enthalpie de fusion du premier échantillon de 914,91 mg est sensiblement supérieur à celui observé pour les deux autres éprouvettes. Ceci est imputable aux deux premières fusions réalisées sur cet échantillon qui conduisent à des allures de thermogrammes inhabituelles. La figure 49 présente une comparaison entre les thermogrammes obtenus lors de la première et de la quatrième fusion effectuées sur l'échantillon d'indium de 914,91 mg. D'une manière générale, il est déconseillé de réaliser des mesures calorimétriques lors de la première fusion d'un matériau [Jane E. Callanan, 1995].

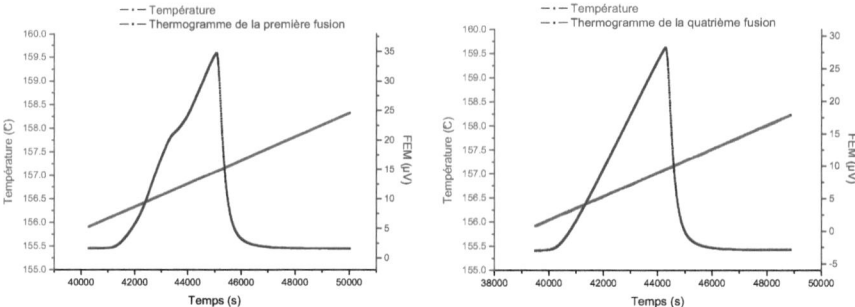

Figure 49 : Thermogrammes de la première et la quatrième fusion du premier échantillon d'indium, masse = 914,91 mg

Le tableau 31 présente les résultats de mesure de l'enthalpie de fusion de l'indium 5N obtenus sans intégrer les deux premières fusions du premier échantillon.

Masse de l'échantillon (g)	n	Enthalpie de fusion (J.g^{-1})	Ecart type expérimental (J.g^{-1})	Incertitude élargie (k=2) (J.g^{-1})
0,91491	4	28,66	0,02	0,10
0,52109	7	28,63	0,02	0,10
0,10772	6	28,62	0,03	0,11

Tableau 31 : Résultats de mesure de l'enthalpie de fusion de l'indium 5N sans tenir compte des deux premières fusions du premier échantillon.

Si on ne prend plus en compte ces deux premières déterminations, alors l'incertitude type pour cet échantillon passe de **0,07 J·g⁻¹** à **0,05 J·g⁻¹**. La moyenne des enthalpies de fusion mesurées sur les 3 éprouvettes d'indium devient **28,64 J·g⁻¹**. L'écart type sur ces 3 mesures, qui représente l'inhomogénéité du lot d'indium 5N, devient **0,02 J·g⁻¹**.

L'enthalpie de fusion de l'indium 5N mesurée par le LNE est alors :.

$$\Delta_{fus}H = 28,64 \quad \pm 0,11 \quad J.g^{-1}$$

(65)

VII.3.2. Résultats des mesures de l'enthalpie de fusion d'un indium 6N (2ᵉ lot)

Deux mesures successives d'enthalpie de fusion ont été effectuées sur un échantillon d'indium 6N au cours de deux rampes de température, sans retirer puis réintroduire les doigts de gant en alumine (dans lesquels sont positionnés les creusets d'étalonnage) dans le calorimètre. La température mesurée par le thermocouple et la force électromotrice délivrée par les thermopiles (avec les pics des étalonnages électriques, de fusions et de cristallisations de l'indium) sont tracées sur la figure 50.

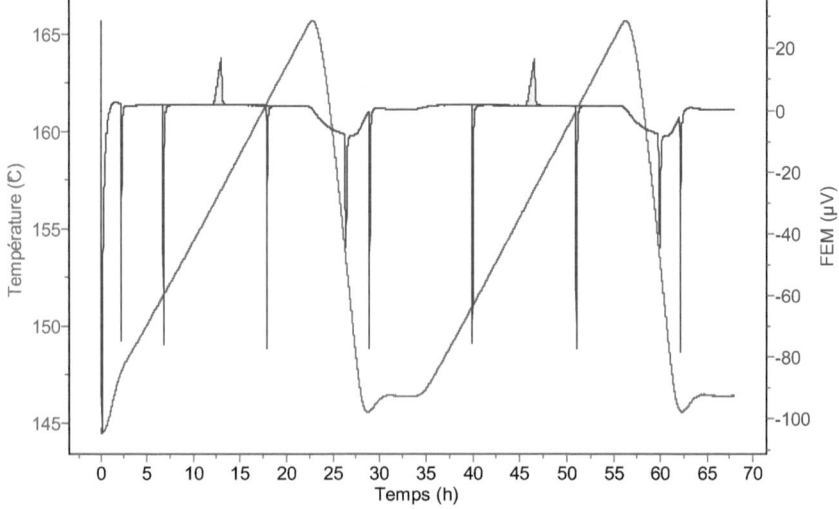

Figure 50 : Température et FEM mesurées pendant deux rampes successives de température à 15 mK/min avec un échantillon d'indium 6N (m = 344,58 mg).

Le tableau 32 présente les résultats des deux mesures d'enthalpie de fusion du même échantillon d'indium pendant les deux rampes de température à 15 mK.min^{-1}.

Température (°C)	Énergie électrique dissipée (J)	Aire du pic d'étalonnage électrique (µV.s)	Sensibilité (µV·W^{-1})	Aire du pic de fusion (µV.s)	Enthalpie de fusion (J.g^{-1})
151,56	10,414350	28414	2728,3		
156,34			2737,4	27020	**28,65**
161,40	10,415302	28611	2747,0		
150,99	10,399747	28375	2728,4		
156,30			2737,8	27033	**28,66**
161,04	10,420874	28616	2746,0		

Tableau 32 : Détermination de l'enthalpie de fusion d'un échantillon d'indium 6N

Les valeurs des enthalpies de fusion des lots d'indium 5N et 6N mesurées en appliquant la méthodologie développée au LNE sont équivalentes. Ce constat confirme les travaux calorimétriques de [Ancsin, 1985] réalisés sur des lots d'indium 4N, 5N et 6N par calorimétrie adiabatique, qui concluent qu'il n'y a aucun effet notable de la pureté du matériau sur l'enthalpie de fusion.

VII.4. Comparaison de l'enthalpie de fusion de l'indium mesurée par le LNE avec des valeurs certifiées

L'indium est surement le métal qui a été le plus étudié comme matériau de référence pour l'étalonnage des DSCs. On citera à titre d'exemple les travaux de [Grønvold, 1993] et de [J. E. Callanan, Sullivan, & Vecchia, 1985]. Il est proposé depuis de nombreuses années par le NIST, le LGC et plus récemment par le PTB comme matériau de référence certifié.

[Stølen & Grønvold, 1999] ont réalisé une synthèse des résultats obtenus sur ce matériau par de nombreux laboratoires afin d'aboutir à une valeur recommandée pour l'enthalpie de fusion.

Le tableau 33 présente une comparaison de la valeur de l'enthalpie de fusion de l'indium mesurée par le LNE avec celles attribuées à des matériaux de référence certifiés par le NIST, le PTB et le LGC. La valeur mesurée par le LNE (cf. dernière ligne du tableau 33) est en très bon accord avec les valeurs annoncées par les autres laboratoires (cf. figure 51).

Laboratoire	Matériau	Enthalpie de fusion $(J.g^{-1})$	Incertitude élargie (k=2) $(J.g^{-1})$
NIST	SRM2232	28,51	0,19
LGC	LGC2601	28,71	0,08
PTB	ZRM 31402	28,64	0,11
LNE	**5N Goodfellow**	**28,64**	**0,11**

Tableau 33 : Comparaison de la valeur d'enthalpie de fusion de l'indium mesurée par le LNE avec celles obtenues par d'autres laboratoires de métrologie.

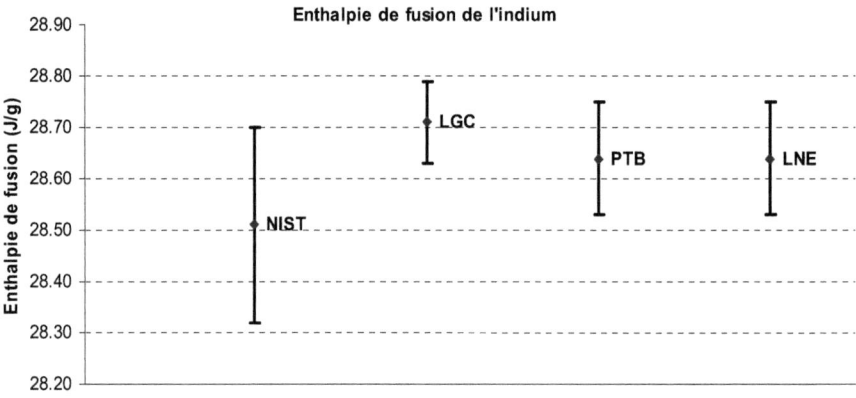

Figure 51 : Comparaison du résultat de mesure de l'enthalpie de fusion de l'indium du LNE avec ceux obtenus par d'autres laboratoires.

VIII.   Mesure d'enthalpie de fusion au-delà de 600°C

Comme évoqué dans le chapitre III, il n'y a qu'un seul matériau de référence certifié en enthalpie de fusion qui soit disponible au-delà de 600°C. Il s'agit de l'aluminium dont la température de fusion est de 660,32 °C et dont l'enthalpie de fusion a été déterminée par [Stølen & Grønvold, 1999]. Il n'est actuellement commercialisé que par le LGC.

Le point fixe de température suivant qui pourrait potentiellement être utilisé comme matériau de référence pour l'étalonnage des DSCs en énergie est l'argent (961,78 °C). Bien que son enthalpie de fusion ait fait l'objet de plusieurs études [Stølen & Grønvold, 1999], aucun lot n'a encore jamais été caractérisé à des fins de certification.

Il n'y a aucun autre métal pur dont la température de fusion se situe dans l'intervalle d'environ 300 °C compris entre les points de congélation de ces deux métaux. C'est un intervalle stratégique à la fois pour l'étalonnage en température des thermocouples et des thermomètres à résistance, et en enthalpie de changement de phase pour l'étalonnage des DSCs.

VIII.1. Choix d'un alliage eutectique Ag-28Cu

Parmi les alliages eutectiques identifiés par [Farkas & Birchenall, 1985] et [BIPM, 1990], le point de fusion de l'alliage eutectique binaire Ag-28Cu est idéalement placé (autour de 780 °C). Malheureusement, même lorsqu'elle est mise en œuvre rigoureusement selon les mêmes procédures que celles appliquées pour les points fixes des métaux purs, une cellule point fixe contenant cet alliage ne permet pas d'obtenir une répétabilité des mesures de température meilleure que ± 30 mK [Ancsin, 2004]. Cette répétabilité, bien plus importante que celle obtenue avec des métaux purs (± 1 mK), n'est pas compatible avec la réalisation de point fixe de température. Néanmoins, ce point de fusion pourrait être intéressant pour les étalonnages en température et en énergie des analyseurs thermiques et calorimètres fonctionnant à haute température.

La figure 52 présente le diagramme de phase de l'alliage binaire Ag-Cu [Subramanian & Perepezko, 1993]. Dans ce type de diagramme, il existe un point invariant à 779,1 °C dont la température est inférieure à la température de fusion des deux constituants (961,78 °C pour l'argent et 1084,62 °C pour le cuivre).

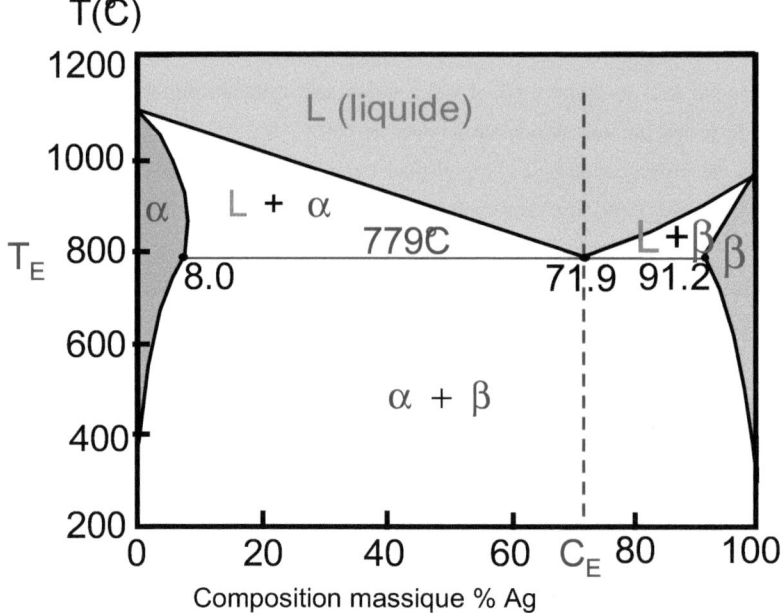

Figure 52 : Diagramme de phase de l'alliage binaire Argent-Cuivre

À cette température, la limite de solubilité du cuivre dans l'argent est de 8,8 % en masse et celle de l'argent dans le cuivre est de 8 % en masse. Pour les alliages Ag-Cu dont la composition est comprise entre ces deux bornes, l'ensemble des courbes de refroidissement présente un palier isotherme dont la durée maximale est obtenue pour le point eutectique.

Ce point eutectique E est représenté sur la figure 53 avec 71,9 % d'argent et 28,1 % de cuivre en pourcentage massique, d'où l'appellation Ag-28Cu. Cette composition massique correspond à 60,1 % d'argent et 39,9 % de cuivre en pourcentage atomique.

Au niveau du point E (point eutectique), l'équilibre s'établit entre trois phases : une phase liquide d'une part, et deux phases solides d'autre part. Lors d'un refroidissement à partir de ce point, le liquide se transforme simultanément en deux phases solides, et inversement à l'échauffement :

$$L(71.9 \text{ wt\% Ag}) \Leftrightarrow \alpha(8.0 \text{ wt\% Ag}) + \beta(91.2 \text{ wt\% Ag})$$

Les courbes de refroidissement obtenues pour différents pourcentages des éléments constituant l'alliage montrent (cf. figure 53) qu'à la composition eutectique (courbe en gris) l'alliage se comporte comme un corps pur. Le pic de fusion correspondant mesuré par calorimétrie pourra donc être analysé comme un pic de fusion d'un produit pur.

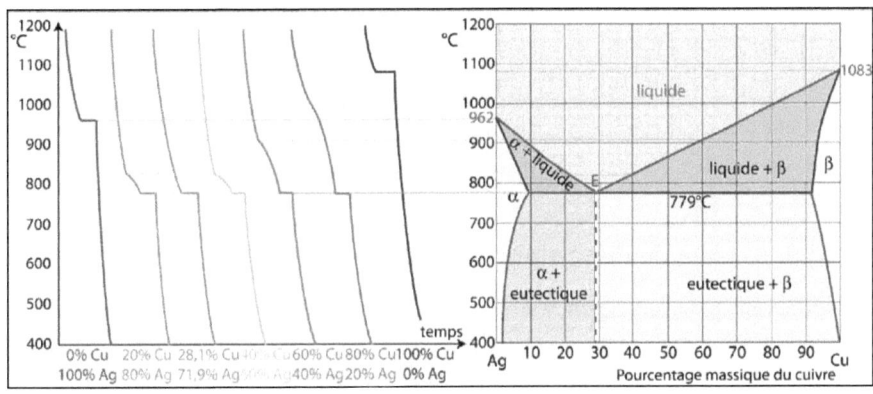

Figure 53 : Construction du diagramme de phases Ag-Cu

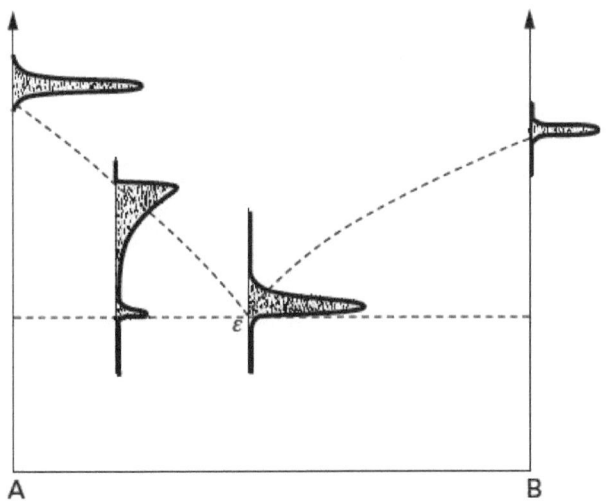

Figure 54 : Aspect des courbes d'analyse calorimétrique différentielle pour un alliage binaire présentant un eutectique [Grenet & Legendre, 2010]

L'aspect général des courbes DSC pour les alliages binaires est schématisé sur la figure 54. Sur cette figure, les fusions des deux métaux purs A et B et de leur eutectique conduisent à un pic unique, alors que deux pics apparaissent pour la fusion de tous les autres alliages binaires des composés A-B.

La DSC est une méthode incontournable pour l'étude des diagrammes d'équilibre entre phases. Les limites entre les domaines, par exemple la courbe de liquidus entre le point de fusion de l'un des composés et la composition eutectique ε, peuvent être déterminées par DSC. Cette technique permet également de mesurer les températures des réactions invariantes et de déterminer la composition des points caractéristiques [Grenet & Legendre, 2010].

V.III.2. Mesure de l'enthalpie de fusion d'un alliage eutectique Ag-Cu

200 g d'un alliage binaire Ag-28Cu se présentant sous forme d'un fil de diamètre 1mm ont été approvisionnés auprès de Morgan Technical Ceramics. Le certificat d'analyse (cf. Annexe 5) montre que les compositions massiques en argent et cuivre sont respectivement 71,61 % et 28,39 %. Ce type d'alliages eutectiques est notamment utilisé pour les brasures. Un échantillon de 184,13 mg de cet alliage a été placé dans le calorimètre. Des rampes de température à 15 mK/min ont été programmées avec la réalisation de deux étalonnages électriques, l'un avant la fusion et l'autre après (cf. figure 55).

Le tableau 34 présente le résultat d'une mesure d'enthalpie de fusion de cet échantillon d'alliage binaire. Le courant électrique a été fixé à une valeur nominale de 60 mA, et la durée de dissipation est de 174 s, pour générer une quantité d'énergie de l'ordre de 24 J équivalente à celle correspondant à la fusion des 184,13 mg de Ag-28Cu.

Température (°C)	Énergie électrique dissipée (J)	Aire du pic d'étalonnage (μV.s)	Sensibilité (μV.W^{-1})	Aire du pic de fusion (μV.s)	Enthalpie de fusion (J.g^{-1})
772,15	24,056705	55785	2318,9		
777,07			2313,1	54736	128,49
782,21	24,150568	55720	2307,2		

Tableau 34 : Détermination de l'enthalpie de fusion d'un échantillon de l'alliage eutectique binaire Ag-28Cu

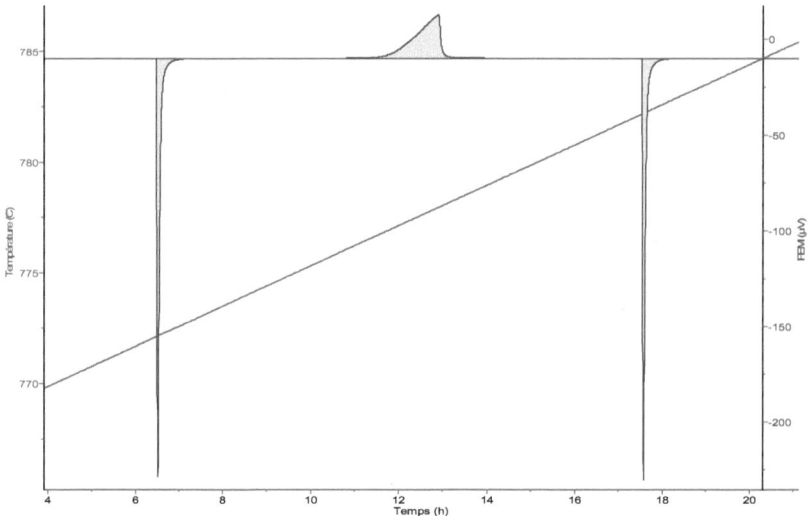

Figure 55 : Température et FEM mesurées pendant une rampe de température à 15 mK/min avec un échantillon d'alliage binaire Ag-28Cu (m = 184,13 mg).

La moyenne de 7 déterminations de l'enthalpie de fusion de cet échantillon avec la méthode développée est de **128,74 J.g⁻¹** avec un écart type de **0,46 J.g⁻¹**. Les résultats sont présentés dans le tableau 35.

Essai	T_{fusion} (°C)	A_{fusion} (µV.s)	*Sens* (µV.W⁻¹)	$\Delta_{fus}H$ (J.g⁻¹)
1	777,14	54690	2317,5	128,16
2	777,07	54736	2313,1	128,51
3	777,04	54835	2307,0	129,09
4	777,01	54528	2303,2	128,58
5	776,97	54585	2299,7	128,91
6	777,10	54792	2317,5	128,40
7	776,97	54626	2290,3	129,53
Moyenne	**777,04**	**54685**	**2306,9**	**128,74**
Écart type (%)	**0,01**	**0,20**	**0,43**	**0,36**
Etendue (%)	**0,02**	**0,56**	**1,18**	**1,06**

Tableau 35 : Mesure de l'enthalpie de fusion d'un échantillon d'alliage Ag-28Cu (m = 184,13 mg)

Un budget d'incertitude sur la mesure de l'enthalpie de fusion de l'alliage est montré dans le tableau 36, et les composantes majoritaires de l'incertitude sont présentées en figure 56. En considérant une corrélation totale entre les deux énergies électriques E_1 et E_2, et une corrélation nulle entre les grandeurs A_1, A_2, A_{fusion} on obtient une incertitude type composée sur l'enthalpie de fusion de **0,44 J.g^{-1}**. En considérant que les quantités A_1, A_2, A_{fusion} sont totalement corrélées l'incertitude type composée sur l'enthalpie de fusion devient de **0,20 J.g^{-1}**. On maximise l'incertitude sur la détermination de l'enthalpie de fusion en prenant la première valeur de **0,44 J.g^{-1}**

Quantité, X_i	Estimation, x_i	Incertitude type $u(x_i)$	Coefficient de sensibilité	Contribution à l'incertitude $(J.g^{-1})$
m	184,13 mg	0,12 mg	-698 (J.g^{-2})	0,0837
A_{fusion}	54736 µV.s	172 µV.s	0.0023 (W.µV^{-1}.g^{-1})	0,4038
A_1	55785 µV.s	98 µV.s	-0,0012 (W.µV^{-1}.g^{-1})	0,1132
A_2	55719 µV.s	98 µV.s	-0,0012 (W.µV^{-1}.g^{-1})	0,1127
E_1	24,0567 J	0,0044 J	2,6775 (g^{-1})	0,0118
E_2	24,1505 J	0,0034 J	2,6536 (g^{-1})	0,0089

Tableau 36 : Budget d'incertitude sur la mesure de l'enthalpie de fusion d'un échantillon d'alliage eutectique binaire Ag-28Cu de masse 184,13 mg.

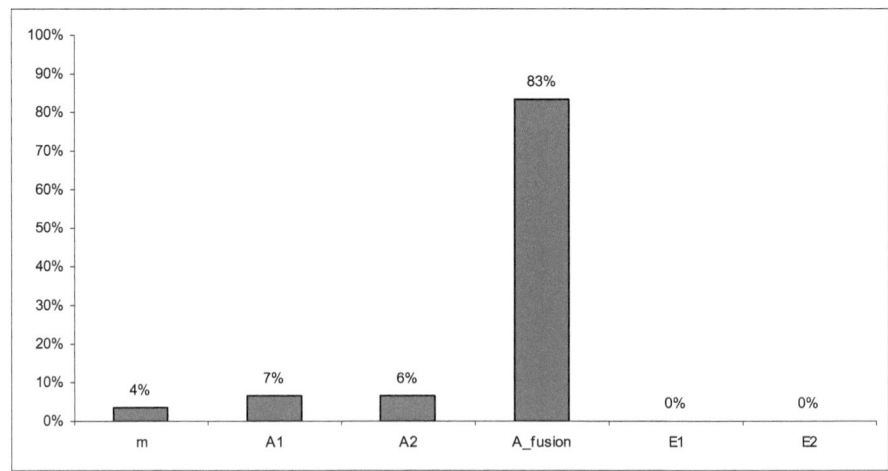

Figure 56 : Contribution relative des termes de variance sur la mesure de l'enthalpie de fusion de l'alliage binaire Ag-28Cu.

En combinant quadratiquement l'écart type de répétabilité des 7 mesures de 0,46 J.g^{-1} avec l'incertitude type composée, l'incertitude totale sur l'enthalpie de fusion de l'échantillon d'alliage Ag-28Cu est de 0,64 J.g^{-1}.

$$\Delta_{fus} H = 128,7 \quad \pm 1,3 \quad J.g^{-1} \quad (k = 2)$$

(66)

V.III.3. Comparaison du résultat de mesure avec les données issues de la littérature

On trouve très peu de résultats de mesure dans la littérature concernant ce matériau eutectique, et les valeurs d'enthalpie de fusion annoncées sont très différentes les unes des autres. On trouve par exemple dans [Landolt & Bornstein, 2007] une valeur d'enthalpie de fusion au point eutectique d'un alliage Ag-Cu de composition atomique en cuivre de 39,8 % égale à 12438 J/mol. Cette valeur correspond à 137,9 J/g, qui est assez proche de la valeur que nous avons mesurée, même si la composition de l'alliage Ag-Cu n'est pas parfaitement identique.

[Cagran, Wilthan, & Pottlacher, 2006] ont mesuré l'enthalpie de fusion de l'argent pur, du cuivre pur et d'un alliage eutectique binaire Ag-28Cu (provenant du fournisseur Goodfellow) par une méthode calorimétrique impulsionelle consistant à soumettre une éprouvette à un courant électrique intense de l'ordre de 12000 A pendant un temps très bref de 50µs et à mesurer son élévation de température. Ils ont obtenu une valeur de l'enthalpie de fusion de l'alliage Ag-28Cu de 166 J/g avec une incertitude estimée à 8 %.

Dans ["COST 531 Atlas of phase diagrams," 2008], la température de fusion de cet alliage eutectique binaire dont la composition atomique en cuivre est de 40,3% est indiquée égale à 779,9 °C. L'enthalpie de fusion de cet alliage a été évaluée à 13005 J/mol[1]. En admettant que la masse molaire de cet alliage à cette composition est égale à 90,0108 g/mol, l'enthalpie de fusion est de 144,482 J/g.

---

[1] Valeur communiquée par le professeur B. LEGENDRE

V.III.4. Mesure de l'enthalpie de fusion de l'argent

L'enthalpie de fusion de l'argent a été étudiée avec notre système d'étalonnage afin de valider la méthode de mesure proposée au maximum de la plage de température de fonctionnement du calorimètre HT1000. Un échantillon d'argent 5N de 481,16 mg, provenant du fournisseur Goodfellow, a été placé dans le calorimètre. Des rampes de température à 15 mK/min ont été programmées avec la réalisation de deux étalonnages électriques avant et après la fusion. La figure 57 présente un exemple de thermogramme obtenu.

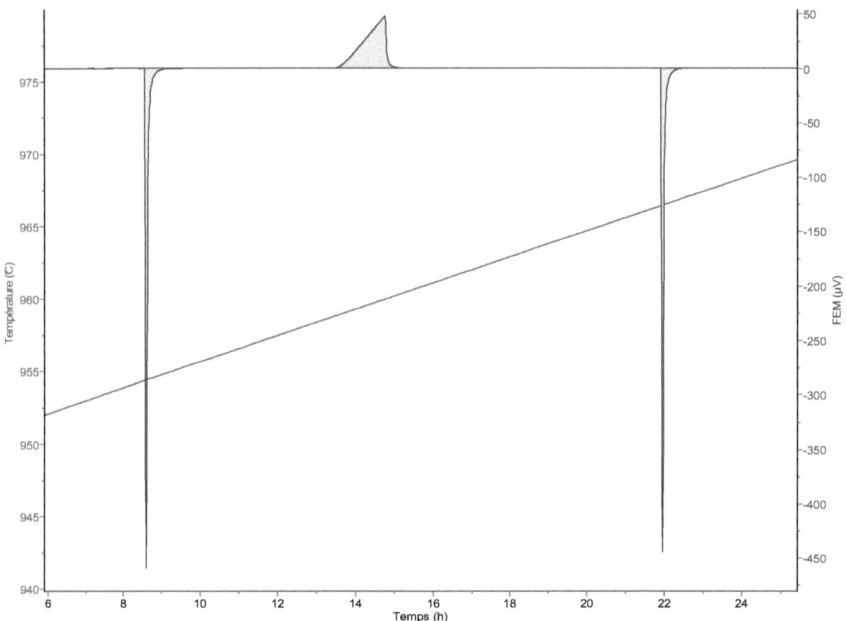

Figure 57 : Température et FEM mesurées pendant une rampe de température à 15 mK/min avec un échantillon d'argent pur (m = 481,61 mg).

Le tableau 37 présente un exemple de détermination de l'enthalpie de fusion de l'argent en exploitant l'un des 7 thermogrammes mesurés consécutivement. Le courant électrique a été fixé à une valeur nominale de 87 mA, et la durée de dissipation est de 174 s, pour générer une quantité d'énergie de l'ordre de 50 J équivalente à celle correspondant à la fusion des 481,61 mg de l'échantillon d'argent.

Température (°C)	Énergie électrique dissipée (J)	Aire du pic d'étalonnage électrique (µV.s)	Sensibilité (µV·W⁻¹)	Aire du pic de fusion (µV.s)	Enthalpie de fusion (J.g⁻¹)
947,49	50,371868	109007	2164,1		
959,18			2162,9	109003	104,64
964,03	50,449930	109095	2162,4		

Tableau 37 : Détermination de l'enthalpie de fusion d'un échantillon d'argent 5N

On remarque qu'à haute température (au voisinage des températures de fusion de l'alliage Ag-28Cu et de l'argent) la sensibilité des thermopiles est une fonction décroissante par rapport à la température, alors que le comportement inverse était observé à basse température (autour des températures de fusion de l'indium et de l'étain). Le niveau de bruit sur le signal calorimétrique est 3 fois plus important au voisinage de la température de fusion de l'argent qu'à la température de fusion de l'étain ou de l'indium.

La moyenne de 7 déterminations de l'enthalpie de fusion de cet échantillon avec la méthode développée est de **104,54 J·g⁻¹** avec un écart type de **0,35 J·g⁻¹**. Les résultats des différents essais sont présentés dans le tableau 38.

Essai	T_{fusion} (°C)	A_{fusion} (µV·s)	*Sens* (µV·W⁻¹)	$\Delta_{fus}H$ (J.g⁻¹)
1	959,45	108218	2157,7	104,14
2	959,65	108988	2157,9	104,87
3	959,54	108445	2156,7	104,40
4	959,11	108138	2157,6	104,07
5	959,18	108729	2158,0	104,62
6	959,30	109063	2157,2	104,98
7	959,04	108890	2159,0	104,72
Moyenne	**959,32**	**108639**	**2157,7**	**104,54**
Écart type (%)	**0,02**	**0,34**	**0,03**	**0,34**
Etendue (%)	**0,06**	**0,85**	**0,10**	**0,87**

Tableau 38 : Mesure de l'enthalpie de fusion de l'échantillon d'argent, masse = 481,16 mg

Le budget d'incertitude sur la mesure de l'enthalpie de fusion d'argent est montré dans le tableau 39.

Quantité, X_i	Estimation, x_i	Incertitude type $u(x_i)$	Coefficient de sensibilité	Contribution à l'incertitude $(J.g^{-1})$
m	481,61 mg	0,12 mg	-217 ($J.g^{-2}$)	0,0261
A_{fusion}	109003 $\mu V.s$	256 $\mu V.s$	0,0010 (W.$\mu V^{-1}.g^{-1}$)	0,2457
A_1	109007 $\mu V.s$	110 $\mu V.s$	-0,0005 (W.$\mu V^{-1}.g^{-1}$)	0,0528
A_2	109095 $\mu V.s$	110 $\mu V.s$	-0,0005 (W.$\mu V^{-1}.g^{-1}$)	0,0527
E_1	50,3719 J	0,0026 J	1,0389 (g^{-1})	0,0027
E_2	50,4499 J	0,0042 J	1,0365 (g^{-1})	0,0044

Tableau 39 : Budget d'incertitude sur la mesure de l'enthalpie de fusion d'un échantillon d'argent de masse 481,61 mg.

Le calcul d'incertitude nous donne une incertitude type composée sur $\Delta_{fus}H$ de **0,26 J.g^{-1}**. Les composantes majoritaires de l'incertitude sont présentées en figure 58.

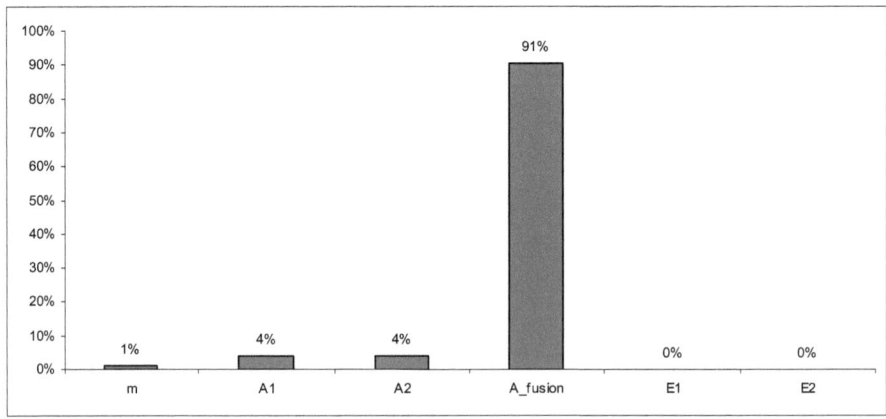

Figure 58 : Contribution relative des termes de variance sur la mesure de l'enthalpie de fusion de l'argent.

En combinant quadratiquement l'écart type de répétabilité des 7 mesures de **0,35 J·g⁻¹** avec l'incertitude type composée, l'incertitude totale sur l'enthalpie de fusion de l'argent est de **0,43 J.g⁻¹**.

L'enthalpie de fusion de l'échantillon d'argent est donc égale à :

$$\Delta_{fus} H = 104,54 \quad \pm 0,87 \quad J.g^{-1} \quad (k = 2)$$ (67)

Cette valeur est en très bon accord avec les 104,61 ± 2,09 J·g⁻¹ provenant des travaux de [Della Gatta et al., 2006] et de [Stølen & Grønvold, 1999], et avec la valeur de 104,7 J·g⁻¹ proposée par [Dinsdale, 1991].

Conclusion générale et perspectives

L'étalonnage en température et en énergie des calorimètres différentiels à balayage (DSCs) sur leur plage de température de fonctionnement est une problématique fondamentale récurrente, à laquelle les laboratoires académiques, les fabricants de calorimètres et les instituts nationaux de métrologie se sont intéressés depuis les débuts de la calorimétrie. Les méthodes préconisées par les documents normatifs consistent à étalonner les DSCs en mesurant l'énergie mise en jeu par la fusion de matériaux de référence certifiés. Ces matériaux, qui correspondent usuellement aux points fixes de l'échelle internationale de température, sont limités au domaine compris entre les températures de fusion du mercure (-38,83 °C) et de l'aluminium (660,32 °C), et ne couvrent donc qu'une partie des besoins. Leur enthalpie de fusion est généralement mesurée par calorimétrie adiabatique.

Afin de pouvoir caractériser en enthalpie de fusion des matériaux étalons entre 23 °C et 1000 °C avec une incertitude cible de 0,5 %, nous avons proposé dans cette thèse une approche originale visant à instrumenter un calorimètre à flux (calorimètre HT1000 de marque Sétaram fonctionnant jusqu'à 1000 °C) avec un système d'étalonnage par substitution électrique. Le calorimètre peut ainsi être étalonné in situ par une méthode absolue qui permet un raccordement métrologique direct des mesures calorimétriques au système international d'unités (SI). Un creuset d'étalonnage associé à des systèmes de dissipation d'énergie électrique et d'acquisition a été spécifiquement conçu à cet effet. Ce creuset d'étalonnage permet de localiser la dissipation d'énergie réalisée par voie électrique (effet joule) lors de l'étalonnage du calorimètre à l'endroit même des thermopiles où se produisent les réactions endothermiques de fusion étudiées.

Une procédure de mesure a également été développée pour effectuer successivement les étalonnages électriques et les mesures d'enthalpie de fusion au cours d'un unique cycle de température. Grace à cette méthodologie, le creuset d'étalonnage qui contient le matériau dont on cherche à caractériser l'enthalpie de fusion reste à la même position dans le calorimètre durant les phases d'étalonnage et de mesure, assurant ainsi une stricte conservation des conditions expérimentales. Cette procédure permet par ailleurs de s'affranchir d'étalonner le calorimètre en température préalablement aux mesures d'enthalpie de fusion. Il est seulement nécessaire de faire l'hypothèse d'un comportement linéaire de la réponse du thermocouple mesurant la température du bloc calorimétrique sur la plage de température balayée pendant un cycle de mesure, c'est à dire sur environ 15 à 20 °C.

La caractérisation métrologique du calorimètre intégrant ce nouveau système d'étalonnage a été réalisée à la température de fusion de l'étain. Elle a permis d'identifier et de quantifier les facteurs d'influence sur la détermination de la sensibilité des thermopiles, ainsi que sur les mesures d'enthalpie de fusion. Il a ainsi été montré qu'hormis la position de l'échantillon dans le creuset d'étalonnage, les autres facteurs potentiels d'influence relatifs en particulier aux pertes thermiques, à la symétrie des thermopiles ou à auto-échauffement des fils d'alimentation du système d'étalonnage ont un impact négligeable sur la mesure de l'enthalpie de fusion, si la méthodologie proposée dans cette thèse est appliquée.

L'incertitude composée sur la détermination de l'enthalpie de fusion de l'étain a été évaluée en estimant les incertitudes types des différents paramètres mesurés (masse de l'éprouvette, tension délivrée par les thermopiles, énergie dissipée par effet joule…) et en appliquant la loi de propagation des incertitudes conformément au GUM « Guide to the expression of uncertainty in measurement ». Le budget des incertitudes met en évidence que le calcul de l'aire sous le thermogramme de fusion est le facteur d'incertitude prépondérant.

Le système d'étalonnage et les procédures de mesure et d'étalonnage associées ont d'abord été validés à basse température (jusqu'à 232 °C) en déterminant les enthalpies de fusion de deux lots d'indium 5N et 6N, et d'un lot d'étain 6N. Les résultats de mesure ainsi que les incertitudes élargies, inférieures à 0,4 % pour ces deux matériaux (avec un facteur d'élargissement k de 2), sont en très bon accord avec les valeurs annoncées par d'autres laboratoires nationaux de métrologie.

Des mesures d'enthalpie de fusion ont ensuite été réalisées au-delà de 660 °C sur un domaine de températures où il n'y a pas de matériaux de référence certifiés disponibles. Ces mesures ont été effectuées sur un alliage eutectique binaire Ag-28Cu et sur de l'argent 5N, dont les températures de fusion sont respectivement 779,10 °C et 961,78 °C, en appliquant la même procédure que celle utilisée pour l'indium et l'étain. L'incertitude sur la mesure de l'enthalpie de fusion de ces deux matériaux a été évaluée entre 0,8 et 1 % (k=2). L'augmentation de l'incertitude de mesure à haute température, comparativement à celle évaluée pour l'étain et l'indium, est imputable en particulier à l'augmentation du niveau de bruit sur le signal calorimétrique. Les résultats de mesure de l'enthalpie de fusion de l'argent sont cependant en très bon accord avec les valeurs issues de la littérature.

Nous avons montré qu'il est à présent possible avec ce système d'étalonnage et les procédures associées d'étalonner les calorimètres à flux par substitution électrique pour toute température comprise entre 23 °C et 1000 °C. En conservant les conditions expérimentales strictement identiques dans les configurations d'étalonnage et de mesure, la méthodologie proposée a permis de réaliser des mesures d'enthalpie de fusion avec des incertitudes élargies suffisamment faibles pour pouvoir certifier des matériaux de référence.

Les résultats de ces travaux de thèse ouvrent la voie à différentes perspectives de recherche et de développement industriel :

- Ce prototype de creuset d'étalonnage a été conçu pour démontrer la faisabilité de la méthodologie proposée avec le calorimètre HT1000, dont les cellules de mesure ont un grand diamètre interne (17 mm) comparativement à ceux des DSCs. Des systèmes d'étalonnage similaires pourraient être industrialisés par des fabricants d'analyseurs thermiques, et adaptés à d'autre type de calorimètre moyennant les modifications dimensionnelles nécessaires.

- Comme nous l'avons indiqué, l'offre actuelle en terme de matériaux de référence certifiés en enthalpie de fusion n'est pas suffisante, en particulier à haute température. L'installation mise au point au LNE permettrait de caractériser des matériaux de référence en enthalpie de fusion de 23 °C jusqu'à 1000 °C avec une haute exactitude (incertitude comprise entre 0,35 % et 1 % en fonction des températures).

  Le LNE dispose en particulier de lots d'indium 5N, d'étain 6N et de plomb 5N5 de plusieurs kilogrammes chacun, auxquels une valeur d'enthalpie de fusion accompagnée d'une incertitude de mesure maitrisée pourraient être attribuées. Ces matériaux pourraient ensuite être commercialisés comme matériaux de référence en enthalpie de fusion pour l'étalonnage des DSCs.

  Les mesures préliminaires réalisées par ailleurs sur l'alliage eutectique Ag-28Cu et sur l'argent 5N sont prometteuses, et encouragent à investiguer davantage la possibilité d'en faire des matériaux de référence en enthalpie de fusion pour les hautes températures.

- D'un point de vue métrologique, il serait pertinent de faire une comparaison inter-laboratoire sur un même matériau entre les moyens de mesure existants dans les instituts nationaux de métrologie (en particulier au NIST, PTB et LNE) pour ce type de mesure, afin de vérifier la cohérence entre les résultats obtenus et de valider les incertitudes de mesure annoncées.

- Enfin, il serait intéressant d'étendre l'utilisation de ce système d'étalonnage aux mesures d'enthalpie de fusion et de capacité thermique massique par calorimétrie à chute. La procédure de mesure sera sans nul doute plus longue et plus fastidieuse, mais devrait vraisemblablement conduire à des incertitudes de mesure plus faibles que celles obtenues avec la méthode de mesure par balayage employée dans nos travaux.

Bibliographie

Ancsin, J. (1985). Melting Curves and Heat of Fusion of Indium. *Metrologia, 21*(1), 7.

Ancsin, J. (2004). A comparison of PRTs at the Cu–Ag eutectic point (780 °C). *Metrologia, 41*(3), 198.

Archer, D. G. (2004). Enthalpy of Fusion of Bismuth: A Certified Reference Material for Differential Scanning Calorimetry. *Journal of Chemical & Engineering Data, 49*(5), 1364–1367. doi:10.1021/je049913p

Archer, D. G., & Kirklin, D. R. (2000). NIST and standards for calorimetry. *Thermochimica Acta, 347*(1-2), 21–30. doi:10.1016/S0040-6031(99)00426-8

Archer, D. G., & Rudtsch, S. (2003). Enthalpy of Fusion of Indium: A Certified Reference Material for Differential Scanning Calorimetry. *Journal of Chemical & Engineering Data, 48*(5), 1157–1163. doi:10.1021/je030112g

Arita, Y., Suzuki, K., & Matsui, T. (2005). Development of high temperature calorimeter: heat capacity measurement by direct heating pulse calorimetry. *Journal of Physics and Chemistry of Solids, 66*(2-4), 231–234. doi:10.1016/j.jpcs.2004.09.004

Baba, T., & Yamada, N. (2010). Research and development of metrological standards for thermophysical properties of solids in the National Metrology Institute of Japan. *High Temperatures- High Pressures, 39*, 279–306.

Banerjee, A., Raju, S., Divakar, R., & Mohandas, E. (2007). High Temperature Heat Capacity of Alloy D9 Using Drop Calorimetry Based Enthalpy Increment Measurements. *International Journal of Thermophysics, 28*(1), 97–108. doi:10.1007/s10765-006-0136-0

BIPM. (1990). TECHNIQUES FOR APPROXIMATING THE INTERNATIONAL TEMPERATURE SCALE OF 1990, (1979), 106.

Brennan, W. P., Miller, B., & Whitwell, J. C. (1969). Improved Method of Analyzing Curves in Differential Scanning Calorimetry. *Industrial & Engineering Chemistry Fundamentals, 8*(2), 314–318. doi:10.1021/i160030a021

Brun, M., & Claudy, P. (1983). Microcalorimetrie. *Techniques de L'ingénieur*, (P1200).

Cagran, C., Wilthan, B., & Pottlacher, G. (2006). Enthalpy, heat of fusion and specific electrical resistivity of pure silver, pure copper and the binary Ag–28Cu alloy. *Thermochimica Acta, 445*(2), 104 – 110.

Callanan, J. E. (1995). Fusion temperatures and enthalpies of high-temperature materials determined by differential thermal methods. *Journal of Thermal Analysis, 45*(3), 359–368. doi:10.1007/BF02548769

Callanan, J. E., Sullivan, S. A., & Vecchia, D. F. (1985). Standard Reference Materials: Feasibility study for the development of standards using differential scanning calorimetry. *US NBS Spec. Publ., 260-99*, 43.

Calvet, E. (1958). *Récents progrès en microcalorimétrie*. Paris: Dunod.

Calvet, E., & Prat, H. (1956). *Microcalorimétrie: applications physicochimiques et biologiques.* (p. 395). Paris: Masson.

Calvet, E., & Prat, H. (1963). *Recent progress in microcalorimetry* (p. 177). Oxford: Pergamon Press.

Cezairliyan, A. (1984). Pulse Calorimetry. In K. D. Maglic, A. Cezairliyan, & V. E. Peletsky (Eds.), *Compendium of thermophysical property measurement methods 1. Survey of Measurement Techniques* (p. 789). New York: Plenum Press,.

Claudy, P. (2005). *Analyse calorimétrique différentielle: Théorie et applications de la d.s.c.* (p. 390). Paris: Tec & Doc Lavoisier.

COST 531 Atlas of phase diagrams. (2008). Retrieved from http://www.crct.polymtl.ca/fact/documentation/SGsold/SGSOLD_DOCUMENTATION 2.PDF

Della Gatta, G., Richardson, M. J., Sarge, S. M., & Stølen, S. (2006). Standards, calibration, and guidelines in microcalorimetry. Part 2. Calibration standards for differential scanning calorimetry (IUPAC Technical Report). *Pure and Applied Chemistry, 78*(7), 1455–1476. doi:10.1351/pac200678071455

Dinsdale, A. T. (1991). SGTE DATA FOR PURE ELEMENTS. *CALPHAD, 15*(4), 317–425.

Diot, M. (1993). Méthodes calorimétriques directes: Capacités thermiques. *Techniques de L'ingénieur,* (R2970).

Diot, M., & Legendre, B. (2011). Détermination des capacités thermiques spécifiques en fonction de la température. *Techniques de L'ingénieur,, base docum*(R2970).

Ditmars, D. A. (1984). Heat-Capacity Calorimetry by the Meathod of Mixtures. In K. D. Maglic, A. Cezairliyan, & V. E. Peletsky (Eds.), *Compendium of thermophysical property measurement methods 1. Survey of Measurement Techniques* (p. 789). New York: Plenum Press,.

Ditmars, D. A. (1988). Drop calorimetry above 300 K. In A. Cezairliyan (Ed.), *Specific heat of solids* (p. 484). Hemisphere Pub. Corp.

Ditmars, D. A. (1992). Phase-change calorimeter for measuring relative enthalpy in the temperature range 273.15 to 1200 K. In K. D. Maglic, A. Cezairliyan, & V. E. Peletsky (Eds.), *Compendium of thermophysical property measurement methods 1. Survey of Measurement Techniques.* New York.

Douglas, T. B., & King, E. G. (1968). High temperature drop calorimetry. In J. P. McCullough & D. W. Scott (Eds.), *Experimental thermodynamics.* (IUPAC Publ.). London: Butterworths.

Doumenc, F. (2009). Elements de thermodynamique et thermique. Retrieved from http://www.fast.u-psud.fr/~doumenc/la200/CoursThermodynamique_L2.pdf

Dumas, J. P. (1978). The analysis of theoretical melting curves in differential scanning calorimetry. *Journal of Physics D: Applied Physics, 11*(1), 1.

Elégant, L., & Rouquerol, J. (1996). Application des microcalorimètres aux mesures thermiques. *Techniques de L'ingénieur,*, (R 3010).

Farkas, D., & Birchenall, C. E. (1985). New eutectic alloys and their heats of transformation. *Metallurgical Transactions A, 16*(3), 323–328. doi:10.1007/BF02814330

Flandorfer, H., Gehringer, F., & Hayer, E. (2002). Individual solutions for control and data acquisition with the PC. *Thermochimica Acta, 382*(1-2), 77–87. doi:10.1016/S0040-6031(01)00739-0

Foussard, J.-N. (2005). *Thermodynamique: bases et applications: cours et exercices corrigés* (p. 238). Paris: Dunod.

Ginnings, D. C. (1968). Introduction. In J. P. McCullough & D. W. Scott (Eds.), *Experimental thermodynamics.* (IUPAC Publ., Vol. 1, p. 9). London: Butterworths.

Glockner, R., Grønvold, F., & Stølen, S. (1996). Heat capacity of the reference material synthetic saphir from 298.15 K to 1000 K by adiabatic calorimetry . Increased accuracy and precision through improved instrumentation and computer control. *J. Chem. Thermodynamics, 28*(4), 1263–1281.

Gmelin, E., & Sarge, S. M. (2000). Temperature , heat and heat flow rate calibration of differential scanning calorimeters. *Thermochimica Acta, 347*(1-2), 9–13. doi:10.1016/S0040-6031(99)00424-4

Gray, A. P. (1968). A Simple Generalized Theory for the Analysis of Dynamic Thermal Measurement. In R. S. Porter & J. F. Johnson (Eds.), *Proceedings of the American Chemical Society Symposium on Analytical Calorimetry* (pp. 209–218). San Francisco, California.

Grenet, J., & Legendre, B. (2010). Analyse calorimétrique différentielle à balayage (DSC). *Techniques de L'ingénieur,*.

Grønvold, F. (1993). Adiabatic calorimetry and solid state properties above ambient temperature. *Pure and Applied Chemistry, 65*(5), 927–934.

Grønvold, F., & Stølen, S. (2003). Heat capacity of solid zinc from 298.15 to 692.68 K and of liquid zinc from 692.68 to 940 K: thermodynamic function values. *Thermochimica Acta, 395*(1-2), 127–131. doi:10.1016/S0040-6031(02)00217-4

Hemminger, W. F., & Sarge, S. M. (1991). The baseline construction and its influence on the measurement of heat with differential scanning calorimeter. *Journal of Thermal Analysis,, 37*(7), 1455/1477.

Hladik, J. (1990). *Métrologie des propriétés thermophysiques des matériaux* (p. 349). Paris: Masson.

Höhne, G., Hemminger, W. F., & Flammersheim, H. J. (2003). *Differential Scanning Calorimetry* (p. 298). Springer. Retrieved from http://books.google.com/books?id=tRt-Z5Duz7QC&pgis=1

Höhne, G. W. H., & Glöggler, E. (1989). Some peculiarities of the DSC-2/-7 (Perkin-Elmer) and their influence on accuracy and precision of the measurements. *Thermochimica Acta, 151*(null), 295–304. doi:10.1016/0040-6031(89)85358-4

Huang, C.-C., & Chen, Y.-P. (2000). Measurements and model prediction of the solid–liquid equilibria of organic binary mixtures. *Chemical Engineering Science, 55*(16), 3175–3185. doi:10.1016/S0009-2509(99)00593-X

ISO 11357-4. (2013). NF EN ISO 11357-4.

ISO IEC Guide 98-3. (2008). Incertitude de mesure — Guide pour l'expression de l'incertitude de mesure.

ISO11357-1:2009. (2009). Plastics — Differential scanning calorimetry (DSC) — Part 1: General principles, (0).

IUPAC. (2001). IUPAC Technical Report: Standards in isothermal microcalorimetry (IUPAC Technical Report). *Pure and Applied Chemistry, 73*(10), 1625–1639. doi:10.1016/S0040-6031(99)00418-9

JCGM 200:2012. (2012). International vocabulary of metrology – Basic and general concepts and associated terms (VIM) 3rd edition.

Kagan, D. N. (1984). Adiabatic calorimetry. In K. D. Maglic, A. Cezairliyan, & V. E. Peletsky (Eds.), *Compendium of thermophysical property measurement methods 1. Survey of Measurement Techniques* (p. 789). New York: Plenum Press.

Landolt, H., & Bornstein, R. (2007). *Numerical Data and Functional Relationships in Science and Technology□: Thermodynamic Properties of Inorganic Materials* (Vol. 19B5, pp. 30–32).

Lavoisier, A.-L. de. (1783). *Mémoire sur la chaleur, lu à l'Académie royale des sciences, le 28 juin 1783, par MM. Lavoisier et de La Place,...* (p. 56). Impr. royale.

Legendre, B., Girolamo, D., Le Parlouer, P., & Hay, B. (2006). Détermination des capacités thermiques en fonction de la température par calorimétrie de chute. *Revue Française de Métrologie, 1*, 23–30.

Legendre, B., & Grenet, J. (2013). Analyse calorimétrique différentielle à balayage à température modulée (DSC-TM). *Techniques de L'ingénieur, 33*(1206).

LGC Standards. (2013). Retrieved April 17, 2013, from http://www.lgcstandards.com/epages/LGC.sf/en_GB/?ObjectID=8324

NF ISO. (2007). 80000-5 X 02-300-5 Grandeurs et unités, Partie 5: Thermodynamique.

NIST. (2013). SRMs. Retrieved June 11, 2013, from https://www-s.nist.gov/srmors/viewTableV.cfm?tableid=108#183

Person, C. C. (1849). No Title. *C.R. Acad. Sci.,* (29), 302.

Preston-Thomas, H. (1990). The International Temperature Scale of 1990 (ITS-90). *Metrologia, 27*(1), 3–10. doi:10.1088/0026-1394/27/1/002

Radenac, A., Morizur, G., & Cretenet, J. C. (1976). Calorimètre à chute 3000°K. Application à la détermination de la chaleur spécifique du tungstene. *High Temperatures- High Pressures,* (8), 113–120.

Razouk, R., Hay, B., & Himbert, M. (2013). A new in situ electrical calibration system for high temperature Calvet calorimeters. *Review of Scientific Instruments*, *84*(9), 094903. doi:10.1063/1.4821876

Relkin, P. (2006). Microcalorimétrie à balayage DSC Application agroalimentaire. *Techniques de L'ingénieur*, (P1270).

Rogez, J., & Coze, J. Le. (1980). Description et étalonnage d'un calorimètre adiabatique à balayage (800 K-1 800 K). *Revue de Physique Appliquée*, *15*, 341–351. Retrieved from http://rphysap.journaldephysique.org/articles/rphysap/abs/1980/02/rphysap_1980__15_2_341_0/rphysap_1980__15_2_341_0.html

Rogez, J., Garnier, A., & Knauth, P. (2002). Solution calorimetric investigation of AgCl–AgI ionic conductor composites at 298K: observation of metastable AgI modifications. *Journal of Physics and Chemistry of Solids*, *63*(1), 9–14. doi:10.1016/S0022-3697(00)00195-5

Rudtsch, S. (2002). Uncertainty of heat capacity measurements with differential scanning calorimeters. *Thermochimica Acta*, *382*(1-2), 17–25. doi:10.1016/S0040-6031(01)00730-4

Rudtsch, S. (2005). Cryoscopic Constant, Heat and Enthalpy of Fusion of Metals and Water. *CCT/05-04/rev*. Retrieved from http://www.bipm.org/cc/CCT/Allowed/23/CCT_05_04_rev.pdf

Sabbah, R., Xu-wu, A., Chickos, J. S., Leitão, M. L. P., Roux, M. V., & Torres, L. A. (1999). Reference materials for calorimetry and differential thermal analysis. *Thermochimica Acta*, *331*(2), 93–204. doi:10.1016/S0040-6031(99)00009-X

Saito, Y., Saito, K., & Atake, T. (1986). Base line drawing for the determination of the enthalpy of transition in classical dta, power-compensated dsc and heat-flux dsc. *Thermochimica Acta*, *104*(null), 275–283. doi:10.1016/0040-6031(86)85202-9

Santos, L. M. N. B. F., Schröder, B., Fernandes, O. O. P., & Ribeiro da Silva, M. A. V. (2004). Measurement of enthalpies of sublimation by drop method in a Calvet type calorimeter: design and test of a new system. *Thermochimica Acta*, *415*(1-2), 15–20. doi:10.1016/j.tca.2003.07.016

Sarge, S. M., & Krupke, H.-W. (1996). Certification of Ga, In, Sn and Bi as temperature and heat calibration materials for differential scanning calorimetry (DSC). In *11th ICTAC*. Philadelphia, USA,.

Sorai, M., & Gakkai, N. N. (2004). *Comprehensive handbook of calorimetry and thermal analysis* (p. 534). J. Wiley.

Stølen, S., & Grønvold, F. (1999). Critical assessment of the enthalpy of fusion of metals used as enthalpy standards at moderate to high temperatures. *Thermochimica Acta*, *327*(1-2), 1–32.

Stølen, S., & Grønvold, F. (2002). Heat capacity of solid cadmium from 298.15 to 594.22 K and of liquid cadmium from 594.22 to 700 K: enthalpy of fusion. *Thermochimica Acta*, *391*(1-2), 169–174. doi:10.1016/S0040-6031(02)00174-0

Subramanian, P. R., & Perepezko, J. H. (1993). The Ag-Cu (Silver-Copper) System. *Journal of Phase Equilibria, 14*(1), 62–75.

Suurkuusk, J., & Wadsö, I. (1974). Design and testing of an improved precise drop calorimeter for the measurement of heat capacity of small samples. *J. Chem. Thermodynamics*, (6), 667.

Takahachi, Y. (1976). Recent developments in experimental methods for heat-capacity measurements. *Pure Appl. Chem, 47*, 323–331. Retrieved from http://media.iupac.org/publications/pac/1976/pdf/4704x0323.pdf

Tamura, S., Yokogawa, T., & Niwa, K. (1975). The enthalpy of beryllium fluoride from 456 to 1083 K by transposed-temperature drop calorimetry. *J. Chem. Thermodynamics*, (7), 633.

Tian, A. (1923). Utilisation de la méthode calorimétrique en dynamique chimique: emploi d'un microcalorimètre à compensation. *Bull. Soc. Chim. Fr., 33*, 427–428.

Van der Plaats, G. (1984). A theoretical evaluation of a heat-flow differential scanning calorimeter. *Thermochimica Acta, 72*(1-2), 77–82. doi:10.1016/0040-6031(84)85057-1

Van Dooren, A. A., & Müller, B. W. (1982). Effects of heating rate and particle size on temperatures and specific enthalpies in quantitative differential scanning calorimetry. *Thermochimica Acta, 54*(1-2), 115–129. doi:10.1016/0040-6031(82)85070-3

White, W. P. (1928). *The modern calorimeter* (p. 195). The Chemical Catalog Company, inc.

Zielenkiewicz, W., & Margas, E. (2002). *Theory of Calorimetry* (p. 188). Springer.

Bibliographie de l'auteur

Publications dans des revues internationales

[1] R. Razouk, B. Hay and M. Himbert, « A new in situ electrical calibration system for high temperature Calvet calorimeters », Review of Scientific Instruments, vol. 84, n° 094903 (2013).

[2] R. Razouk, B. Hay and M. Himbert, « Toward New High Temperature Reference Materials for Calorimetry and Thermal Analysis », Accepté pour publication dans EPJ Web of conferences (2014).

Communications dans des congrès internationaux avec actes et comité de lecture

[1] R. Razouk, B. Hay, R. Morice, and M. Himbert, « A new in-situ electrical calibration system for high temperature Calvet calorimeters », 18th Symposium on Thermophysical Properties, Boulder, CO, USA, 22-29 juin 2012.

[2] R. Razouk, B. Hay et M. Himbert, « Vers de nouveaux matériaux de référence haute température pour la calorimétrie et l'analyse thermique », 16th International Congress of Metrology, Paris, France, 7-10 octobre 2013.

[3] R. Razouk, B. Hay and M. Himbert, « Uncertainty of the measurements of the enthalpy of fusion using a modified Calvet calorimeter », TEMPMEKO 2013 Conference, Madeira (Portugal), 14-18 octobre 2013.

Communications dans des congrès nationaux avec actes et comité de lecture

[1] R. Razouk, B. Hay et M. Himbert, « Développement d'un système d'étalonnage par substitution électrique pour calorimètres Calvet haut température » 44ème Journées de Calorimétrie et d'Analyse Thermique, JCAT 2013, Lyon, France, 21-23 mai 2013.

Annexes

Annexe 1 : Autres méthodes calorimétriques

Calorimétrie isopéribolique

Le calorimètre est dit isopéribolique quand la température extérieure est maintenue constante [Hladik, 1990], [Diot, 1993], [Legendre & Grenet, 2013]. Ce calorimètre n'est ni isotherme ni adiabatique. Les calorimètres isopériboliques, parfois appelés à jaquette, sont des appareils d'un type quasi-adiabatique dérivés des calorimètres adiabatiques. Le terme isopéribolique évoque l'isothermie de la périphérie.

En effet, contrairement aux calorimètres adiabatiques, la température T_e de l'enceinte extérieure des calorimètres isopériboliques n'est pas asservie à celle de l'échantillon. Elle est maintenue constante à une valeur proche de celle de la cellule grâce à une enveloppe métallique (jaquette) de forte inertie thermique.

Dans ce type de calorimètre, la chaleur est partiellement accumulée dans la cellule calorimétrique et partiellement échangée avec l'enceinte calorimétrique. L'équation (8) s'écrit ainsi :

$$P = C_c \frac{dT_c}{dt} + \frac{(T_c - T_e)}{R_{th}}$$

Le thermogramme expérimental, présenté dans la figure suivante, est obtenu en appliquant une procédure de mesure identique à celle utilisée dans le cas d'un calorimètre adiabatique. L'évolution de la température de l'échantillon en fonction du temps avant et après dissipation d'énergie, permet de déterminer le ΔT corrigé qui tient compte des pertes d'énergie.

Afin de limiter les fuites thermiques résiduelles, la température T_e de l'écran isotherme doit être aussi proche que possible de la moyenne entre les températures initiale et finale. Cette condition est difficile à réaliser puisque la température finale n'est connue qu'à posteriori.

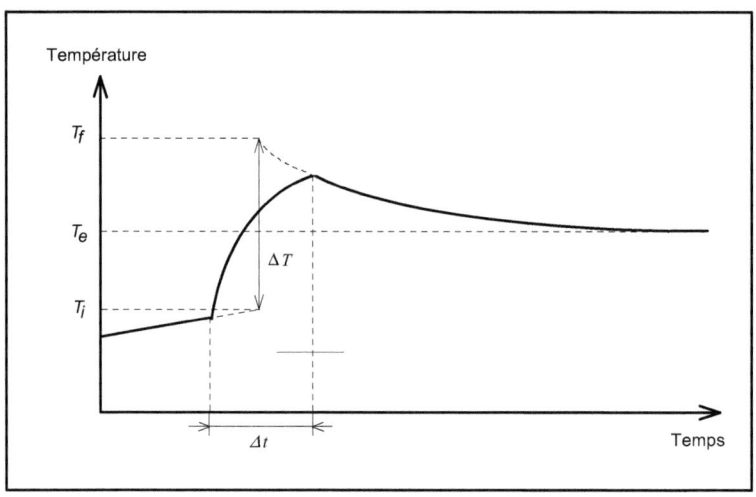

Evolution de la température dans un calorimètre isopéribolique

Les ΔT sont assez faibles, de l'ordre de 5 °C pour des températures proches de l'ambiante, ainsi la valeur moyenne des températures initiale et finale s'écarte peu de la température T_e.
Les échanges thermiques entre la cellule et l'enceinte sont minimisés grâce à la suspension de la cellule dans un milieu isolant ou dans le vide.

L'avantage principal des calorimètres isopériboliques est la simplicité de contrôle de la température de l'enceinte calorimétrique. En revanche, les corrections de fuites thermiques peuvent devenir importantes. Toute l'incertitude de la méthode réside dans l'appréciation de T_i et T_f par extrapolation.

Calorimétrie à chute ou calorimétrie balistique

La calorimétrie à chute [Ginnings, 1968], [Ditmars, 1988] , [Douglas & King, 1968] est une technique de détermination de capacité thermique massique et d'enthalpie de fusion fondée sur des mesures de variation d'enthalpie ΔH d'une éprouvette de masse M entre deux températures T_0 et T ($T_0 < T$).

$$\Delta H(T) = H_T - H_{T_0}$$

Il existe deux variantes de calorimètre à chute :

- le calorimètre à chute où l'échantillon est maintenu à la température T_0 .puis chute par gravité dans le bloc calorimétrique maintenu à la température T.

- le calorimètre à chute inversé où l'échantillon est placée en équilibre thermique à la température T dans un four, puis chute dans le bloc calorimétrique maintenu à la température T_0.

La société française, Sétaram, commercialise plusieurs calorimètres de ce type : le modèle HT1000 utilisé au LNE et à la faculté de pharmacie de l'université de Paris XI [Legendre et al., 2006], et le modèle MultiHTC-90 utilisé par [Banerjee, Raju, Divakar, & Mohandas, 2007].

La mesure de la chaleur restituée ou absorbée par l'éprouvette après sa chute permet de déterminer la différence d'enthalpie $\Delta H(T)$ de cette dernière entre les deux états T et T_0. Cette opération est répétée sur tout le domaine de température à étudier en faisant varier la température T. On obtient ainsi une courbe de variation d'enthalpie en fonction de la température.

La capacité thermique massique c_p de l'éprouvette est déterminée en dérivant la fonction $\Delta H(T) = f(T)$ par rapport à la température.

$$c_p(T) = \frac{1}{M} \cdot \left(\frac{d\Delta H(T)}{dT} \right)_p$$

L'enthalpie de fusion est calculée à partir de la différence entre les enthalpies à l'état liquide et à l'état solide extrapolées à la température de fusion du matériau.

Une comparaison des enthalpies de fusion de l'étain, du zinc et de l'aluminium, déterminées par méthodes adiabatique et à chute, a été réalisée par [Stølen & Grønvold, 1999]. Les valeurs des enthalpies de fusion obtenues par calorimétrie à chute sont légèrement inférieures (de 0,5 % pour l'étain, de 1 % pour le zinc et de 0,6 % pour l'aluminium) à celles obtenues par calorimétrie adiabatique. [Stølen & Grønvold, 1999] imputent cet écart au refroidissement brutal de l'échantillon « *Sample Quenching* » lors des mesures par chute.

Le calorimètre utilisé pour mesurer la chaleur restituée ou absorbée par l'éprouvette après sa chute peut être un calorimètre à changement de phase [Ditmars, 1992], [Ditmars, 1984], ou un calorimètre à flux (décrit au chapitre II.3).

Les calorimètres à changement de phase, appelés également calorimètres isothermes, utilisent la propriété d'un corps pur à changer de phase à température constante. Ainsi, les températures de la cellule et de l'enceinte sont maintenues constantes et rigoureusement identiques en assurant autour de la cellule la coexistence, en équilibre thermodynamique, de deux phases solide/liquide ou liquide/gaz d'un corps pur. Différents matériaux peuvent être utilisés comme substance d'absorption d'énergie (glace, air liquide, composés organiques...).

Lorsque l'échantillon tombe dans la cellule calorimétrique, il se refroidit, passant de la température du four à celle du calorimètre. La chaleur ainsi libérée par l'échantillon est intégralement absorbée par le calorimètre provoquant la vaporisation ou la liquéfaction d'une certaine quantité du matériau calorimétrique.

En mesurant la quantité de solide fondu ou de liquide vaporisé, on détermine la variation d'enthalpie de l'éprouvette à partir de l'expression (41).

$$\Delta H = m \cdot \mu$$

ΔH : Variation d'enthalpie de l'éprouvette entre les températures T et T_0.

m : Masse du matériau calorimétrique

μ : Constante d'étalonnage

La constante μ du calorimètre, exprimée en $J \cdot g^{-1}$, est généralement déterminée par étalonnage électrique.

La calorimétrie à changement de phase est l'une des plus anciennes techniques calorimétriques. Les réalisations les plus célèbres sont celles de A. Lavoisier [Lavoisier, 1783], R. Bunsen (fusion de la glace), J. Dewar (vaporisation de l'air liquide) et R.S. Jessup (fusion du diphényl éther) d'après [Zielenkiewicz & Margas, 2002].

172

L'utilisation de ce type de calorimètre conduit à des incertitudes de mesure de la capacité thermique massique comprises, en fonction du niveau de température, entre 0,2 % à 100 °C et 0,4 % à 1200 °C.

Des calorimètres à flux fondés sur le principe développé par A. Tian ont été utilisés notamment pour mesurer la capacité thermique massique de l'acide benzoïque à 20 °C [Suurkuusk & Wadsö, 1974], du fluoride de béryllium entre 200 °C et 800 °C [Tamura, Yokogawa, & Niwa, 1975] et du tungstène jusqu'à 2700 °C [Radenac, Morizur, & Cretenet, 1976]. Les incertitudes obtenues sont comprises entre 0,2 % à 20 °C et 6 % à 2700 °C.

Calorimétrie impulsionnelle

Les techniques calorimétriques conventionnelles destinées aux mesures de capacité thermique massique sont généralement limitées aux températures inférieures à 2000 °C. Cette limitation résulte de problèmes expérimentaux (réaction chimique, tenue mécanique, pertes thermiques etc.) inhérents à l'exposition prolongée d'une éprouvette à de très hautes températures.

Ces problèmes sont minimisés lors de mesures réalisées sur un temps très court (inférieur à la seconde). C'est dans ce contexte que de nombreuses techniques impulsionnelles ont été développées. [Cezairliyan, 1984] a présenté le développement chronologique de cette technique en distinguant les développements avant et après 1970.

Le principe de mesure consiste à étudier le comportement thermique d'une éprouvette soumise pendant un temps très bref à une impulsion de flux. Cette impulsion est générée intrinsèquement par effet joule.

Cette méthode a été utilisée par [Cagran et al., 2006] pour quantifier l'enthalpie de fusion et la résistivité électrique de l'argent, cuivre, et un alliage eutectique binaire Ag-28Cu.

Selon [Cezairliyan, 1984], les incertitudes de mesure de capacité thermique massique sont au mieux de 2 à 3 % entre 1000 à 3000 K.

[Arita, Suzuki, & Matsui, 2005] ont présenté le développement d'un calorimètre haute température pour les mesures de la capacité thermique massique en faisant traverser l'échantillon à étudier par un courant électrique durant un temps très court et en mesurant l'élévation de température de l'échantillon. Les résultats obtenus sur le SiC, B_4C, et le graphite sont en bon accord par rapport aux valeurs déterminées par calorimétrie à chute avec un écart inférieur à 5%.

Dans la méthode calorimétrique par flash laser proposée par [Takahachi, 1976], l'échantillon sous forme cylindrique est chauffé par une brève impulsion thermique par un laser sur sa face avant et l'évolution de la température de sa face opposée est enregistrée en fonction du temps.

Annexe 2 : Comparaison des performances métrologiques des différentes configurations du système de dissipation électrique

Plusieurs configurations du système d'étalonnage électrique ont été testées et leurs performances métrologiques ont été comparées entre elles. Cette comparaison a été réalisée lors de la détermination de la sensibilité en énergie du calorimètre, en conservant le système d'étalonnage à l'intérieur du calorimètre (maintenu à une température constante de 232 °C) et en dissipant une énergie électrique d'environ 64 joules. Les trois configurations utilisées sont décrites ci-dessous :

- *Configuration 1* : Le sourcemètre Keithley 2612A est utilisé en tant qu'alimentation électrique, et mesure lui-même la chute de tension aux bornes de la résistance chauffante et ainsi que l'intensité dans le circuit.

- *Configuration 2* : Le sourcemètre Keithley 2612A est utilisé comme alimentation électrique, et la mesure de tension est faite en parallèle par le multimètre 34970A.

- *Configuration 3* : L'énergie est fournie par l'alimentation HP 6655A couplée avec un relais « Celduc », et la mesure de tension avec réalisée avec le multimètre 34970A.

Les sensibilités des thermopiles obtenues en appliquant ces trois configurations lors d'un étalonnage du calorimètre par effet Joule sont présentées dans les tableaux B-1 à B-3.

Durée de dissipation (s)	Courant électrique (mA)	Sensibilité (μV/W)	écart type (μV/W)
43	200	2805,7	0,9
87	141	2805,3	4,3
87	141	2807,3	3,5
130	116	2811,1	0,7
174	100	2790,3	2,1
174	100	2795,4	1,9
348	71	2793,6	0,9

Tableau B-1 : Configuration 1 « Keithley 2612A utilisé comme source d'énergie et voltmètre »

Durée de dissipation (s)	Courant électrique (mA)	Sensibilité avec Keithley (μV/W)	écart type (μV/W)	Sensibilité 34970A (μV/W)	écart type (μV/W)
43	200	2808,8	2,1	2804,7	1,8
87	141	2809,8	1,3	2803,0	1,4
130	116	2812,4	0,2	2802,6	0,9
174	100	2796,8	1,6	2803,0	1,6
348	71	2797,8	2,1	2805,0	2,1

Tableau B-2 : Configuration 2 « Keithley 2612A utilisé comme source d'énergie et mesure de tension réalisée en parallèle avec le multimètre 34970A »

Durée de dissipation (s)	Courant électrique (mA)	Sensibilité (μV/W)	écart type (μV/W)
43	200	2803,3	0,6
87	141	2801,8	0,7
130	116	2803,6	1,1
174	100	2801,6	1,9
348	71	2803,1	1,9

Tableau B-3 : Configuration 3 « utilisation de l'alimentation HP6655A et du multimètre 34970A pour la mesure de tension »

La première configuration conduit à une sensibilité moyenne de 2801 μV/W avec un écart type de 8μV/W. La deuxième configuration donne une sensibilité moyenne de 2805 μV/W avec un écart type de 7μV/W en utilisant le Keithley, et 2804μV/W avec un écart type de 1μV/W en utilisant le multimètre 34970A. La troisième et dernière configuration donne une sensibilité moyenne de 2803μV/W avec un écart type de 1μV/W.

On observe que la dispersion de la sensibilité est très importante quand le Keithley 2612A est utilisé à la fois comme générateur de tension et mesureur. Par ailleurs, l'étalonnage en temps du Keithley 2612A sur une durée de dissipation de 174 s montre, qu'en plus d'une correction à apporter d'environ 50 ms, l'écart type de répétabilité sur 10 mesures de la durée de dissipation est 1000 fois plus grand que celui obtenu avec le système équipé du relais électronique. Ceci nous conduit à choisir la configuration n° 3.

Annexe 3 : Comparaison entre le logiciel CALISTO et la Macro développée sous Excel.

La partie du logiciel Calisto qui est destinée au traitement des données est conçue pour le traitement de toutes les données d'analyse thermique mesurées avec l'ensemble des équipements du fabricant Sétaram. En plus de l'importation des fichiers enregistrés avec la partie du logiciel Calisto spécifique à l'acquisition, il est possible d'importer des fichiers de données acquises avec d'autres équipements et d'en faire le traitement. Il propose des outils pour la sélection de la ligne de base, la séparation des pics, la présentation des données, ainsi que pour la détermination des enthalpies et des capacités thermiques massiques.

Pour la détermination d'une ligne de base droite, le logiciel Calisto trace la droite reliant deux points sélectionnés par l'opérateur avant et après les pics de dissipation ou de fusion. Pour le niveau d'incertitude que l'on recherche, il peut y avoir une différence dans la valeur de l'intégration d'un thermogramme suivant la position de ces deux points, surtout lorsque le signal est bruité. La macro que nous avons développé sous Excel utilise la moyenne des points compris dans deux intervalles temporels (dont la largeur est définie par l'opérateur) situés avant et après les pics, permettant ainsi de lisser le bruit de mesure. Le logiciel Calisto dispose en revanche d'outils ergonomiques pour modifier facilement les bornes d'intégration et la présentation des résultats de calcul, ce qui n'est pas le cas avec notre macro Excel.

Sur un thermogramme de dissipation électrique ou de fusion, le traitement par le logiciel Calisto et la macro Excel donne quasiment la même valeur d'intégration en fixant les mêmes bornes d'intégration.

La surface d'un même pic de dissipation électrique, réalisé à 235,79 °C, a été calculée pour différentes bornes d'intégration avec le logiciel Calisto et la macro Excel, d'une part pour tester l'équivalence entre les deux méthodes du calcul des aires, et d'autre part pour estimer la variation de l'aire du pic en fonction du choix des bornes d'intégration. Les résultats obtenus pour quatre séries de bornes sont présentés ci-après. Ils démontrent qu'avec les mêmes bornes d'intégration les deux logiciels conduisent aux mêmes aires.

Cas n° 1

t₁(s)	t₂(s)	t₃(s)	t₄(s)	Aire (µV.s)	
				Macro	**Calisto**
50863	58448	65178	71285	53119	53147

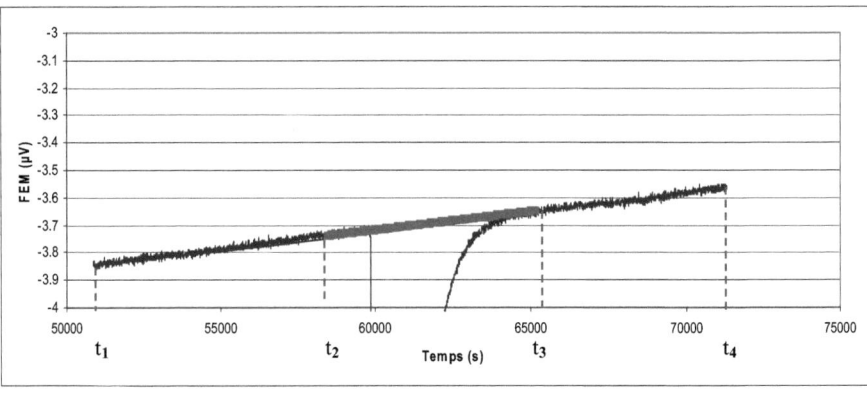

Cas n° 2

t₁(s)	t₂(s)	t₃(s)	t₄(s)	Aire (µV.s)	
				Macro	**Calisto**
50863	58448	65178	66838	53127	53130

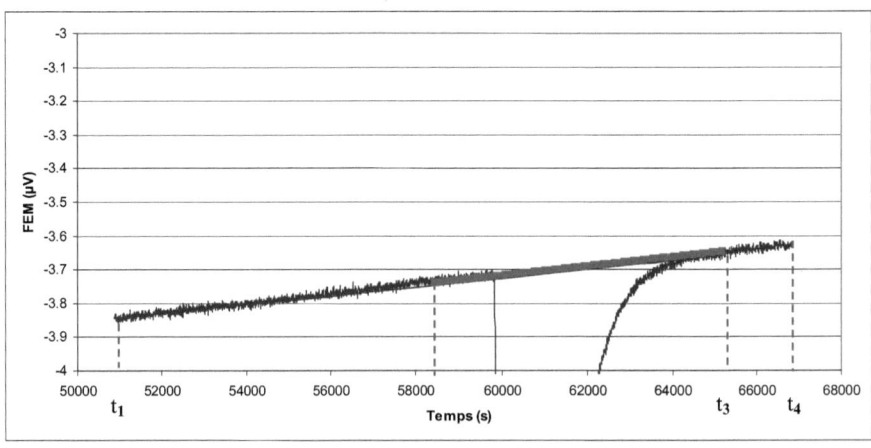

Cas n° 3

$t_1(s)$	$t_2(s)$	$t_3(s)$	$t_4(s)$	Aire (μV.s)	
				Macro	Calisto
58448	59703	65178	66838	53148	53128

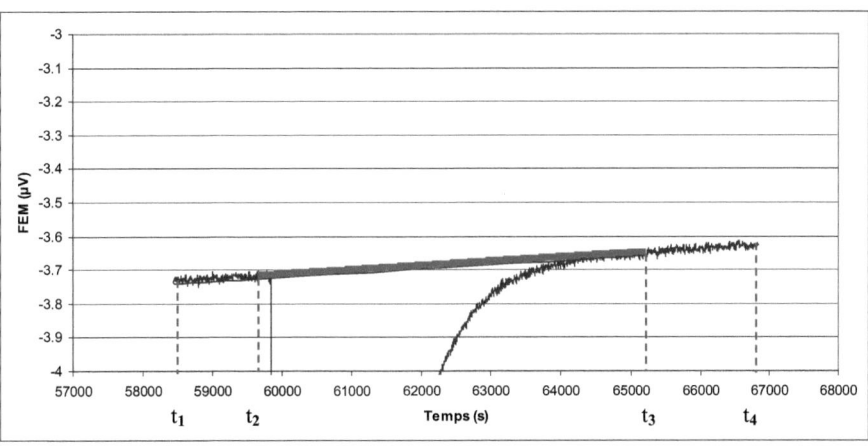

Cas n° 4

$t_1(s)$	$t_2(s)$	$t_3(s)$	$t_4(s)$	Aire (μV.s)	
				Macro	Calisto
58448	59703	65178	71059	53145	53128

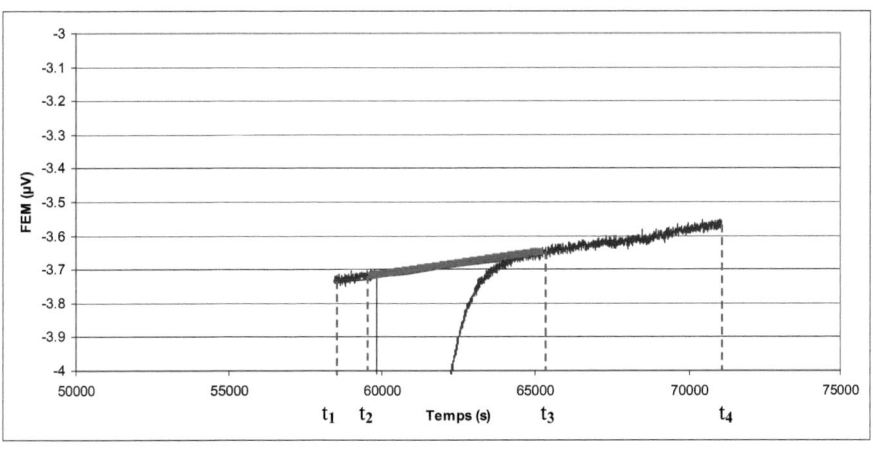

179

Une synthèse de ces calculs est présentée dans le tableau C-1.

Bornes d'intégration	Aire par la macro(μV.s)	Aire par Calisto (μV.s)
1	-53119	53147
2	-53127	53130
3	-53148	53128
4	-53145	53128
Moyenne	**-53135**	**53133**
Ecart type (μV.s)	**13**	**9**
Ecart type (%)	**0,03**	**0,02**

Tableau C-1 : Comparaison des aires calculées par la macro Excel et le logiciel Calisto

Commentaire sur l'intégration numérique du pic.

Le calcul utilisé ici correspond à une interpolation polynomiale de la fonction (Continue) (ou de la courbe) à intégrer. Pour cela l'intervalle d'intégration est divisé en n parties pas nécessairement égales, méthode dite "des coefficients indéterminés") ou égales dans les méthodes dites de Newton Cotes plus simples à mettre en œuvre dans le cas où on connait la fonction avec un pas régulier. C'est ce cas qui nous intéresse

1. Avec la méthode des trapèzes, l'intervalle [a,b] est divisé en n= 1 partie, le pas de calcul $h = \dfrac{b-a}{1}$ et l'intégrale doit être bonne pour un polynôme de degré 0 et de degré 1, on prend alors f(x)=1 et f(x)=x. La résolution du système de deux équations à 2 inconnues conduit à la formule des trapèzes pour une fonction quelconque connue aux points a et b $I = (b-a)\dfrac{f(a)+f(b)}{2}$. Au premier ordre l'erreur est en $(b-a)^2$

2. Avec la méthode de Simpson on prend n=2 (l'intervalle [a,b] est divisé en deux parties égales) et le pas de calcul $h = \dfrac{b-a}{2}$. La formule doit être bonne jusqu'au degré 2 soit pour les polynômes simples 1, x, x2. La résolution du système linéaire de 3 équations à 3 inconnues conduit aux coefficients de la formule de Simpson et à son expression pour

une fonction f quelconque connue aux points a, (a+b)/2 et b.

$$I = \frac{b-a}{6}\left[f(a) + f(\frac{b+a}{2}) + f(b) \right]$$. Au premier ordre l'erreur est en $[(b-a)/2]^2$

Remarques :

- La somme des coefficients doit être égale à 1 : [1/2+1/2] ou [1/6+4/6+1/6]
- On peut théoriquement monter le degré de l'interpolation mais cela est déconseillé pour des raisons de stabilité. Il vaut mieux utiliser des formules composites , i.e. on va utiliser plusieurs fois la méthode sur l'intervalle (ce qui est fait dans la thèse avec une composite trapèze)
- Enfin on montre que si le nombre m de points de calcul est pair (cas des trapèzes) la formule est exacte pour des polynômes de degré <= m-1 (trapèze 2 points, formule valable pour degré 0 et degré 1), et que si le nombre m de points est impair, la formule d'intégration est valable pour des polynômes de degré <= m+1 (Simpson 3 points, formule d'intégration valable jusqu'au degré 4 bien que construite pour le degré 2).
- On préfère donc utiliser Simpson de façon composite

Enfin de façon générale on peut encore améliorer le résultat de l'intégration à partir des méthodes précédentes (exemple trapèze amélioré, Romberg, etc.)

En réduisant le pas d'acquisition des données, l'intégration par la méthode des trapèzes est suffisante. Un exemple de calcul de l'aire d'un thermogramme de dissipation électrique par les deux méthodes numériques d'intégration montre qu'avec le pas d'acquisition de 3 secondes nous avons suffisamment de points que la différence entre les deux méthodes d'intégration (Simpson, et Trapèze) est de l'ordre de 1µV.s pour une aire de 88974 µV.s. Cette valeur est négligeable devant les autres composantes d'incertitudes.

Annexe 4 : Validation de la condition d'arrêt à partir de la première itération de la Macro Excel

On constate dans le cas d'un pic de fusion d'un échantillon d'étain, que le calcul des aires converge très rapidement (différence des aires calculées à la première itération et à l'itération suivante négligeable), pour les quatre séries de bornes d'intégration.

Bornes d'intégration	A_{fusion} (μV.s) LdB droite	A_{fusion} (μV.s) LdB construite en 1er itération	A_{fusion} (μV.s) LdB construite en 2e itération	ΔA_{fusion} (μV.s) Entre 1er et 2e itérations
1	64934,67	65017,38	65017,30	-0,08
2	64939,69	64961,48	64961,40	-0,08
3	64942,05	65005,92	65005,88	-0,04
4	64946,06	65000,17	65000,15	-0,02
Moyenne	**64940,62**	**64996,24**	**64996,18**	**-0,06**
Ecart type (μV.s)	**4,76**	**24,25**	**24,26**	
Ecart type (%)	**0,01**	**0,04**	**0,04**	

Tableau C-2 : Comparaison des aires calculées pour différentes itérations successives avec la macro Excel

Annexe 5 : Caractéristiques et analyse de pureté de l'alliage eutectique binaire Ag-28Cu

MorganTechnicalCeramics

DATA SHEET

Cusil ™

Silver / copper brazing alloy

(MAC- Cusil ™ - WM)

© 2009 Morgan Technical Ceramics – a division of The Morgan Crucible Company Plc

Description

High-purity silver/copper alloy for vacuum brazing. Nominal composition by weight:
72% Ag and 28% Cu (both within ±1%).

Prime features

- Eutectic alloy
- Widely used across industry

Typical applications

High-integrity brazed joint duties in:

- Aero-engines (OEM and repair)
- Aerospace fuel-line assemblies
- Vacuum tubes
- Wave guide and Klystron assemblies
- Power supply surge arrestors
- Automotive components

Specifications

- BAg-8
- Quality Assurance to ISO 9002

Physical properties[1]

• Liquidus temperature, C [°F]:	780	[1436]
• Solidus temperature, C [°F]:	780	[1436]
• Density, Mg/m³ [lb/in³]:	10.0	[0.361]
• Thermal conductivity (calculated):		
• W/m.K [BTU/ft.h.°F]:	371	[214]
• Thermal expansion coefficient:		
• @ RT-500C [RT-932°F], 10^{-6}/C [10^{-6}/°F]:	19.6	[10.9]
• Electrical resistivity, 10^{-9}ohm.m:	20.4	
• Electrical conductivity, 10^{6}/ohm.m:	49.0	
• Young's modulus, GPa [lb/in²]:	83	[12×10^{6}]
• Poisson's ratio (calculated):	0.36	
• Yield strength (0.2% offset), MPa [lb/in²]:	272	[39×10^{3}]
• Tensile strength, MPa [lb/in²]:	372	[54×10^{3}]
• Elongation (2in/50mm gage section), %:	19	
• Knoop Hardness, KHN expressed as MPa:	1010	

www.morgantechnicalceramics.com

183

Analyse de pureté

WESGO

A. MINASSIAN
MINATEC
14,ALLEE DE BELGIQUE 92500
RUEIL-MALMAISON , FRANCE

Refer: Your P.O. # C11450 Our # CM62417-1

Material: CUSIL©

Date: December 15, 2011

Morgan Technical Ceramics
Wesgo Metals
2425 Whipple Road
Hayward, CA 94544
USA
T +1 510 491 1100
F +1 510 491 1200
www.wesgometals.com

Description: WIRE .0394" DIA.

This is to certify that the material supplied today against the subject
purchase order has been fabricated in accordance with the applicable
specifications.

Lot # MG11545
Lot Analysis

AU: 0.001	PD: 0.0004	RU: 0.0001
AG: 71.61	CD: <.0001	PB: <0.002
ZN: 0.0002	AL: 0.0002	B : 0.0005
CA: 0.001	CU: 28.39*	IN: <0.002
FE: 0.0007	MN: <.0001	MG: 0.0004
NI: 0.0003	SI: 0.0002	P : <0.002
Y : 0.0002		

MANUFACTURED IN THE U.S.A.

Karen M. Rowley
Quality Assurance Department

* Balance

J12, Rev.0

184

Refat RAZOUK

le cnam

Mise en place de références métrologiques en enthalpie de fusion entre 23 °C et 1000 °C.

Résumé

Les techniques d'analyse thermique et de calorimétrie sont des méthodes d'essai largement utilisées dans les laboratoires d'analyse physico-chimique, pour des finalités de recherche ou de contrôle qualité. Comme tout appareil de mesure, un analyseur thermique ou un calorimètre doit être étalonné en température et en énergie avec des matériaux de référence certifiés. Les matériaux de référence recommandés correspondent généralement aux points fixes de l'échelle internationale de température (EIT-90), à savoir gallium, indium, étain, zinc et aluminium. Il existe peu de matériaux de référence certifiés au-dessus de 420 °C, alors que certains analyseurs thermiques peuvent être utilisés jusqu'à 1000 °C, voire au-delà.

L'élaboration et la certification de matériaux de référence doivent employer des méthodes de mesure très précises avec un raccordement métrologique des mesures au système international d'unités (SI). Le Laboratoire Commun de Métrologie (LCM) s'est engagé dans le développement d'un moyen de référence métrologique en calorimétrie permettant des mesures précises en enthalpie de fusion et en capacité thermique massique sur la plage de température [23 °C, 1000 °C]. La solution métrologique retenue a été de modifier un calorimètre de type Calvet, et de mettre au point des procédures d'étalonnage et de mesure afin d'atteindre des incertitudes de mesures suffisamment faibles pour la certification des matériaux de référence.

Dans ce travail, un système d'étalonnage fonctionnant à haute température a été spécifiquement conçu et intégré dans le calorimètre pour permettre l'étalonnage par substitution électrique. Ce système permet de réaliser successivement des étalonnages par effet Joule et des mesures d'enthalpie de fusion, sans modification des conditions expérimentales.

Ce travail comprend également le développement des systèmes d'acquisition et traitement des résultats des mesures. La détermination de l'enthalpie de fusion de plusieurs métaux (indium, étain et argent notamment) avec une recherche des facteurs d'influence sur cette grandeur, et une estimation des incertitudes de mesure. La mesure de l'enthalpie de fusion d'un alliage eutectique argent-cuivre, candidat comme matériau de référence en énergie à 779 °C, est également présentée.

Résumé en anglais

Differential scanning calorimeters are widely used in many academic and industrial laboratories to study the thermal behavior of materials for research or quality control. Like any measuring device, a thermal analyzer or calorimeter must be calibrated in temperature and energy with certified reference materials. Recommended reference materials generally correspond to fixed points of the International Temperature Scale (ITS- 90), namely: gallium, indium, tin, zinc and aluminum. However, there are few certified reference materials above 420 °C, while the operating range of some thermal analyzers and calorimeters exceeds 1000 °C.

The certification of reference materials insures the metrological traceability of measurements to the International System of Units (SI). The LCM-LNE has been working in the development of a metrological standard facility for accurate measurements of the enthalpy of fusion and heat capacity in the temperature range [23 °C, 1000 °C]. The metrological approach is based on the modification of a commercial Calvet calorimeter and of the procedures implemented for calibration and measurement, so as to get measurement uncertainties sufficiently low to fulfill the objectives of the certification of reference materials.

A new in-situ high temperature calibration system (constituted by a resistance wire wound around the crucible containing the material sample) was integrated into the calorimeter to perform the calibration by electrical substitution. The system allows both calibration and measurement without modification of the apparatus, so that the experimental conditions during both steps remain unchanged.

This work also includes the development of data acquisition system and processing of measurement results. The determination of the enthalpy of fusion of several metals (indium, tin and silver in particular) with an estimation of the measurement uncertainty has been made. The measurement of the enthalpy of fusion of a silver-copper eutectic alloy, as candidate reference material at 779 °C, is also presented